国家级优质高等职业院校项目建设成果

高职高专艺术设计类系列教材

印刷工艺与设计

郝彦杰　主　编

王　伟　王兆阳　副主编

科学出版社

北　京

内 容 简 介

本书以印刷工艺流程的印前、印刷、印后加工三个环节的工艺内容及特点为线索，针对与设计有关的印刷工艺知识进行讲解，从印前设计符合印刷、后工工艺要求的角度，重点讲解胶印工艺的基础知识及印前制作，同时兼顾丝网印刷的制版与印刷原理。

本书可作为高职高专院校艺术设计类专业教材，也可作为从事印前设计、平面广告设计相关工作人员的参考书。

图书在版编目（CIP）数据

印刷工艺与设计 / 郝彦杰主编. —北京：科学出版社，2019.8
（国家级优质高等职业院校项目建设成果·高职高专艺术设计类系列教材）
ISBN 978-7-03-061782-8

Ⅰ. ①印… Ⅱ. ①郝… Ⅲ. ①印刷-生产工艺-高等职业教育-教材
②印刷-工艺设计-高等职业教育-教材　Ⅳ. ①TS805　②TS801.4

中国版本图书馆CIP数据核字（2019）第129774号

责任编辑：任锋娟　杨　昕 / 责任校对：马英菊
责任印制：吕春珉 / 封面设计：艺和天下

科学出版社 出版
北京东黄城根北街16号
邮政编码：100717
http://www.sciencep.com

北京虎彩文化传播有限公司 印刷
科学出版社发行　　各地新华书店经销
*

2019年8月第 一 版　　开本：787×1092　1/16
2019年8月第一次印刷　　印张：9 1/2
字数：225 000
定价：53.00元
（如有印装质量问题，我社负责调换（虎彩））
销售部电话 010-62136230　编辑部电话 010-62135763-2015

国家级优质高等职业院校项目建设成果
系列教材编委会

主　任：李四清　李桂贞

副主任：占　江　肖　珑　邵芙蓉　田　华　李玉峰
　　　　王　皓　夏喜利

委　员：李小强　任枫轩　刘　岩　周宗杰　张　凯
　　　　王莉娜　赵军华　胡　娟　杨　霞　娄松涛
　　　　田　嘉　胡海涵　孔英丽　张铁头　李晓东
　　　　谢　芳

序

PREFACE

经过两年多的努力，我院工学结合的立体化系列教材即将付梓了。这是我院国家级优质高等职业院校建设的成果之一，也是我院专业建设和课程建设的重要组成部分。我院自入选国家级优质高等职业院校立项建设单位以来，坚持"质量立校、全面提升、追求卓越、跨越发展"的总体工作思路，以内涵建设为中心，强化专业建设和产教融合，深入推进"教学质量提升工程、学生人文素养培育工程和创新创业教育引领工程"三项工程，全面提升人才培养质量。在专业建设和课程改革的基础上，与行业企业、校内外专家共同组建专业团队，编著了涵盖我院智能制造、电子信息工程技术、汽车制造与服务、食品加工技术、计算机网络技术、音乐表演及物流管理等特色专业群的 25 门专业课程的立体化系列教材。

本批立体化系列教材适应我国高等职业技术教育教学的需要，立足区域经济社会的发展，突出了高职教育实践技能训练和动手操作能力培养的特色，反映了课程建设与相关专业发展的最新成果。本系列教材以专业知识为基础，配套案例分析、习题库、教案、课件、教学软件等多层次、立体化教学形式，内容紧密结合生产实际，突出信息化教学手段，注重科学性、适用性、先进性和技能性，能够为教师提供教学参考，为学生提供学习指导。

本批立体化系列教材的编写者大部分为多年从事职业教育的专业教师和生产管理一线的技术骨干，具有丰富的教学和实践经验。其中，既有享受国务院政府特殊津贴的专家、国家级教学名师、河南省教学名师、河南省学术技术带头人、河南省骨干教师、河南省教育厅学术技术带头人，又有行业企业专家及国家技能大赛的优胜者等。这些教师在理论方面有深厚的功底，熟悉教学方法和手段，能够把握教材的广度和深度，从而使教材能够更好地适应高等职业院校教学的需要。相信这套教材的出版，将为高职院校课程体系与教学内容的改革、教育教学质量的提升，以及推动我国优质高等职业院校的建设作出贡献。

李桂贞

河南职业技术学院院长

2018 年 5 月

FOREWORD

平面设计与印刷技术从来都是密不可分的，世界上第一张彩色招贴广告的诞生，就得益于彩色石印技术的出现。集石印技师、画家和设计师于一身的朱尔斯·谢雷特也因制作出世界上第一张彩色招贴而被誉为"现代招贴之父"。以纸张为媒介的广告印刷品的设计、各类包装装潢设计，具有审美与技术（印刷生产的可实施性）的双重属性。现在，当设计者用相应的设计软件在屏幕上创造"炫丽"特效的时候，是否考虑过数字设计稿是否符合输出设备的技术要求？是否具有可生产性？学习艺术设计的学生往往注重艺术效果，而忽略印刷工艺流程、技术要点。殊不知，印刷生产对印前的数字设计稿有着很多技术层面的要求。从印刷角度看，不懂必要的印刷工艺知识，就"不会"设计。

本书的编写特点是将印前设计与输出印刷、印后加工相关内容予以整合，将印刷工艺知识与商业印刷品设计，以及平面设计软件应用与印刷生产的工艺要求相结合进行讲解。将相关工艺原理与软件实际操作紧密结合，不但能使学生掌握必要的印刷基础知识，而且能使学生将理论应用于设计中，实现数字设计稿的可实施性。

在内容组织上，本书偏重于应知、应会、不钻"牛角尖"的内容，主要涵盖现代彩色胶印工艺与丝网印刷两大部分，重点讲述彩色胶印印前设计的工艺要求。内容组织只针对后续生产中与印前设计相关的工艺内容，不涉及印刷、印后加工生产中具体的设备操作及维护等内容，目的是使学生具备印刷品的项目策划能力、印前设计制作能力。

本书是专为艺术设计类专业编写的教材，编写力求条理清晰，内容简洁实用，重要知识点配有微课讲解，目的是解决平面设计中与印刷工艺相关的各种问题，全面提升设计的针对性与可生产性。本书的编写人员均为多年从事设计教学及商业印刷品设计实践的教师，我们深感印刷技术发展之迅猛，印刷工艺知识对设计师之重要性，因此，编写一部简洁、实用，适合艺术设计类学生学习的印刷工艺基础知识方面的书，是我们的愿望。

由于编者知识水平所限，书中疏漏之处在所难免，恳请广大读者批评指正。

编　者

2018 年 12 月

第一章

印刷基础知识

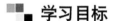

学习目标

了解印刷工艺的演变及印刷的分类，理解印刷的五要素及印刷制版方式的变化与印刷技术的进步，掌握印刷用纸相关知识。

学习要点

1）从印刷定义的变化看印刷技术的发展。

2）印刷的分类与不同印刷方式的特点。

3）印刷的五要素。

4）常规印刷用纸及规格，正度纸与大度纸的尺寸。

5）用纸量的计算。

6）印刷纸张的开法。

第一节　印刷术的起源与发展

一、印刷术的起源

1. 印章和拓石是印刷术的萌芽

印刷术与所有实用技术类似，是人类文明进程中生产、生活需求的产物。印刷术的发明是具备一定的物质及技术条件的必然结果。从结绳记事、刻木记事到文字的形成与演变，以及用文字记录信息并流传，也是社会发展的必然。人们利用各种材料和方法记录文字，如甲骨刻字、金石钟鼎铸字、石刻等，再由简牍到纸张，记录文字信息经历了很长时间的手抄本时代。文字的出现是印刷术出现的前提条件，而纸张和墨的发明又为印刷术的出现奠定了物质基础。

雕刻、拓印技术的不断发展完善，为印刷术的出现做好了技术准备，可以说印章、刻石、用纸拓碑等就是印刷术的雏形。晋代著名炼丹家葛洪的《抱朴子·登涉篇》记载道教徒用四寸见方有 120 个字的大木印，通过盖印实现复制功能，这个有 120 个字的大木印就是"印刷"的小型雕版。受其启发，后人抄写佛经时常把佛像刻成木印，印在佛经的卷首，解决了画图慢及不美观、不规范的问题。

2．雕版印刷术的发明

雕版印刷术是印章和拓石两种方法的结合，是将图形、文字反刻在整块木板上，刷墨并铺上纸张，用刷子在纸上刷拭，得到正写图文的复制技术。雕版印刷术是公认的印刷术的最早形态，其发明于隋唐时期，鼎盛于宋代。

824 年，唐代元稹为白居易诗集《白氏长庆集》作序："至于缮写、模勒，衒卖于市井，或持之以交酒茗者，处处皆是。"文中"模勒"一词的意思即仿照原样雕刻。

1900 年发现于甘肃敦煌莫高窟藏经洞的《金刚经》，卷末印有"咸通九年四月十五日"的刊记，可知其雕印于 868 年，为现存最早标有明确日期的雕版印刷品（图 1-1）。

到了宋代，雕版印刷已发展到全盛时代。其技术已经十分完善，校、写、刻、印各道工序都达到了相当高的水平，主要体现在以下几个方面：

① 产生了一种适于手工刊刻的手写体，为后来印刷字体（即宋体）的产生创造了条件。

② 在印刷、装帧形式上，由卷轴发展到册页。

③ 发明了彩色套印术——套版和饾版。

④ 发明了蜡版印刷。蜡版印刷是雕版印刷的一种，只不过版材不是通常所用的枣木或梨木，而是在木板上涂上蜡。

图 1-1　雕版印刷的唐咸通本《金刚经》

3．活字印刷术的发明

宋仁宗庆历年间（1041～1048 年），毕昇发明了活字印刷术，以胶泥制成泥活字进行排版印刷。其优点是一字多用、重复使用、印刷多且快、省时省力、节约材料等；缺点是胶泥制成的字易破碎。活字印刷极大地促进了印刷技术的发展。

1297～1298 年，元代王祯制成木活字，发明转轮排字盘，大大提高了排字效率。王祯的《造活字印书法》详细记载了制造木活字的方法，以及拣字、排字、印刷的全过程，是我国印刷史上最早系统叙述活字印刷的珍贵文献。

明代无锡人华燧首创了铜活字印刷术。

二、近现代印刷术的发展

德国人约翰·谷登堡被称为现代印刷术的创始人。他发明了铸字和铸造活字的合金（铅、锡、锑合金），冲压字模，以及油脂型印刷油墨。他还发明了木制的压力印刷机（图 1-2），开创了近代机械印刷的新纪元。他排印的著名作品是 1454 年前后在美因茨印制的《四十二行圣经》，后人称之为《谷登堡圣经》。

谷登堡所创造的一整套印刷技术，经过不断改进和完善，一直沿用到19世纪。1845年，德国生产了第一台快速印刷机，开始了印刷技术的机械化时代。

从20世纪50年代开始，印刷技术与电子技术、激光影像技术、高分子化学等科技成果不断结合，电子分色机和激光照排机使彩色图像的复制实现了数据化、规范化。70年代，感光树脂凸版、PS版普及。80年代，电分机和整页拼版系统、汉字信息处理及激光照排工艺普及。90年代彩色桌面出版系统的推出，90年代后期计算机直接制版技术的应用，表明计算机已经全面进入印刷领域，印刷业迎来了崭新的数字印刷时代。

图1-2　约翰·谷登堡研制的木制压力印刷机

第二节　印刷的定义及分类

一、印刷的定义

"印刷"一词来源于雕版的印制操作方法。我国的雕版印刷是用毛笔蘸墨涂覆于印版表面，在其上覆盖纸张，再用干净毛刷在纸上刷拭（施压）的，这样，印版上凸起的反向图文黏附的墨转移至纸张之上，形成正向的图文（图1-3和图1-4）。

图1-3　传统木版年画（雕版）印刷工具

图1-4　朱仙镇木版年画的雕刻印版

在《印刷技术术语　第1部分：基本术语》（GB/T 9851.1—2008）中，印刷的定义为：使用模拟或数字的图像载体将呈色剂/色料（如油墨）转移到承印物上的复制过程。

印刷技术的发展是指印版材料、制版工艺及印刷方式的演变。传统的印刷是施加一定的压力使印版上的油墨或其他黏附性色料向承印物上转移的工艺技术。随着计算机等新技术不断进入印刷领域，很多无须印版和印刷压力的数字化印刷方式开始出现，如激光打印、静电印刷、喷墨印刷等。实体印版的消失，"数字版"的发展，为印刷的概念不断注入新的内涵。

雕版、铜版、石版等印刷方式现已极少应用于商业印刷领域，主要存在于美术学院的版画工作室中，艺术家用不同的印刷技术进行版画创作。以"复数性"为特征的印刷技术，从出现伊始，即在不断自我否定中改进发展。从雕版到活字，从手工印刷到机械、流水线作业，从木质版材到石头、金属成为版基，从凸版到凹版、平版、孔版，从文字到图文并茂，从黑白到彩色，从实体版到数字版，印刷技术的每次改进，提高的都是复制效率和印刷品质。

二、印刷的分类

（一）按照制版材料与印版表面结构分类

印版的制版材料不同及制版工艺的变化，会形成不同的印版表面结构，即印版上图文与非图文区域的相对位置不同。由此，印刷可以分为凸版印刷、凹版印刷、平版印刷和孔版印刷四大类。

1. 凸版印刷

凸版印刷是一种历史悠久的印刷方法。其印刷原理类似印章，印版的图文部分凸起，明显高于空白部分，凹下的空白部分接触不到油墨，施加压力之后，图文部分的油墨就转移到纸上。早期的雕版印刷、活字印刷都属于凸版印刷。

柔性版印刷（简称柔印）也属于凸版印刷，它通过网纹辊传递油墨的方法进行印刷。柔性版是一种光敏橡胶或树脂型的印版，具有柔软、可弯曲、富有弹性的特点。柔性版印刷原来用于印刷表面非常不均匀的瓦楞纸板，现在适用于各种纸张、塑料薄膜、金属箔、不干胶等多种承印材料。

2. 凹版印刷

与凸版印刷正好相反，凹版印刷的印版，图文部分凹陷，非图文部分凸起。其印刷原理是在压力作用下将凹版凹进图文部分的油墨压印到承印物上。图文部分凹陷的深浅不同，会带来印刷墨色的变化，手触有立体感（图1-5）。凹版印刷品线条分明、层次丰富精细、色泽经久不衰，不易仿造。凹版印刷一般用来印刷钞票、有价证券、邮票等，其防伪性能优于其他印刷方式。

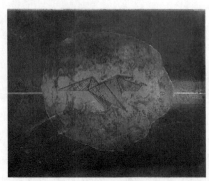
（a）印版

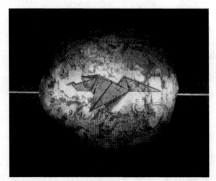
（b）印刷效果

图 1-5　用凹版技法创作的铜版画

凹版印刷的制版方法有雕刻凹版、蚀刻凹版、照相凹版等，版材为金属板（铜板、锌板等）。

3．平版印刷

平版印刷，其印版上的图文部分和非图文部分几乎处于同一平面，利用油水相斥的原理施墨印刷。平版印刷按照制版材料不同又分为石印、珂罗版印刷、胶印等。

（1）石印

石印是德国人 A. 逊纳菲尔德在 1798 年发明的，利用油水相斥的原理，用石板制版进行印刷。石印是平版印刷最早的形式，制版材料是石灰岩板（图1-6），以硝酸腐蚀制版，改变了传统的印刷概念，可用来印刷各类书籍插图、海报等。其印刷过程是在光滑的石灰岩板平面上用油性的笔或墨进行绘制，经过腐蚀处理使画过的部分能粘住油墨，再经过平版印刷机施加压力，绘制的图案就被印刷到纸上。在当时，这种印刷方式具有工艺简单、制版快速、修改图文方便等优点，迅速成为一种重要的商业印刷技术。

图 1-6　石版印刷制版材料——石灰岩板

石印技术的发明带动了印刷业的"腾飞"。石印技术在插图和套色方面优于谷登堡的铅活字机械印刷，两者都极大地推动了现代印刷技术的发展。

说到彩色石印，就不能不提朱尔斯·谢雷特。他早年是从事石印的技工，有着丰富的石印经验。同时，他还是画家和设计师。朱尔斯·谢雷特改进了彩色石印技术，并发明了"三石法"，这种技术可以用红、黄、蓝三原色的透明油墨印刷出彩虹中的所有颜色。当这种透明油墨相互覆盖叠加时，新的颜色也随之产生。他直接在石版上画的招贴作品，图形写实，色彩明快华丽，形式多样，整个画面洋溢着热烈欢快的情调。1866 年，朱尔斯·谢雷特在巴黎自己的印刷厂制作出第一张彩色石版印刷的招贴（图1-7），标志着现代招贴广告的诞生。其本人也被誉为"现代招贴之父"。

自清末开始，我国出现的大小石印书局多达百余家，以上海为中心遍布全国。比较著名的有点石斋石印局［出版了《康熙字典》《点石斋画报》（图1-8）等］、土山湾印书馆（图1-9）等。

图 1-7　朱尔斯·谢雷特的彩色石印招贴

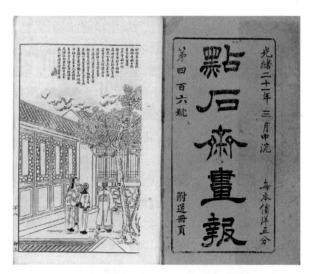

图 1-8　新闻画报——《点石斋画报》

图1-9　土山湾印书馆的石印车间

（2）珂罗版印刷

珂罗版印刷多用厚磨砂玻璃作为版基，属于平版印刷方式。珂罗版的耐印率较差，但印刷品极为精细，常用来复制价值较高的书画作品。

（3）胶印

现代彩色胶印也属于平版印刷，其与石印一样利用"油水相斥"的原理，制版材料由质轻方便的金属材料替代了沉重的石头。目前，胶印是一种占有绝对统治地位的印刷方式。

4．孔版印刷

孔版印刷也称"漏印"，利用绢布、尼龙网、涤纶网、金属网等材料透气的特性，将非图文部分的网孔遮挡，墨料从图文部分镂空的网孔漏印至承印物上。典型的孔版印刷方式有誊写版印刷、镂空版印刷、丝网印刷等。

丝网印刷是现在仍活跃于商业印刷领域的印刷方式，因为丝网印刷不仅可以在平面物体上印刷，还可以在曲面物体表面印刷。除了纸张外，木材、纺织品、金属、玻璃、陶瓷、塑料等均可作为丝网印刷的承印物，其应用范围十分广泛。

（二）按照是否采用印版分类

按照是否采用印版，印刷可以分为传统模拟印刷与数字印刷两类。

传统模拟印刷（如凸版印刷、凹版印刷、平版印刷、孔版印刷）要经过制版，通过压力将墨料转移至承印物上。印版是实现原稿复制的关键。

数字印刷是指将数字化的图文信息直接转换成印刷品的印刷复制技术，无须"物理印版"这一中介环节，属于无版印刷。数字印刷也可以理解成有"版"的存在——"数字版"，而非实体印版。

与传统模拟印刷相比，数字印刷具有以下优势：

1）工艺流程简化，印刷效率高。数字印刷省去了输出分色胶片、制版、晒版等诸多工艺环节，节省了大量的时间和空间，大大提高了印刷效率。

2）文件兼容性好，易于修改。由于数字印刷接受的图文信息都是数字信息，可以兼容各种不同来源、不同形式的原稿，并且数字图文信息可以在彩色桌面出版系统的各种印前软件中转换文件格式。如果生成的文件需要修改，只需要在计算机上直接修改，而不用像传统印刷那样重新输出胶片、制版、晒版。

3）个性化印刷，定制灵活。传统印刷由于存在诸多烦琐工艺，通常会有"起印量"，否则不足以支付成本费用。而数字印刷则可以做到一张起印，按需印刷，并且可以按照客户要求随时修改电子文件，在小批量短版印刷、个性化快速印刷领域优势明显。

4）可以双面同时进行印刷。传统印刷无法完成双面同时印刷，并且正、反常需要手工校准，误差不可避免。而数字印刷可以借助计算机一次性生成正、反两套页面文件，同时进行印刷，并且两面图文部分大小一致，对位准确。

当然，数字印刷也存在一定的局限性：一方面，数字印刷机造价较为昂贵，一定程度上限制了其在中低端市场的普及；另一方面，数字印刷单张成本固定，而传统印刷随着印量增大，成本不断降低，在大批量印刷领域仍占有巨大的市场份额。因此，目前数字印刷还无法完全替代传统印刷。

（三）按照印刷色彩分类

按照印刷色彩，印刷可分为单色印刷、双色印刷和彩色印刷。

单色印刷只用一块印版，用一色印刷（不限于黑色一种，也可以是其他单一颜色）。双色印刷以两种色版印刷，适用于一般的线条表格、商品包装纸等的印刷。彩色印刷即多色印刷，多指常规的彩色胶印，四色或四色加专色，六色是彩色印刷的极限。

（四）其他分类

1. 按照印版是否与承印物接触分类

按照印版是否与承印物接触，印刷可分为直接印刷与间接印刷。

凸版印刷、凹版印刷、丝网印刷等印版上的墨直接与承印物接触的印刷方式称为直接印刷。平版印刷中的石版印刷也是直接印刷。彩色胶印印版的油墨要经过橡皮布转印在纸张上，这种印刷方式称为间接印刷。

2. 按照印刷机所使用的输纸方法分类

按照印刷机所使用的输纸方法，印刷可以分为单张纸印刷与轮转印刷。

单张纸印刷使用平板纸进行印刷；轮转印刷使用卷筒纸进行印刷。

3. 按照承印材料分类

按照承印材料，印刷可分为普通印刷与特殊印刷。

纸张印刷是印刷品的主流，称为普通印刷；特殊印刷是指使用纸张以外的承印材料（如塑料、纺织品、白铁、木板、玻璃等）进行的印刷。

4. 按照印刷品的用途分类

按照印刷品的用途，印刷可分为书刊印刷、报纸印刷、广告印刷、钞券印刷、地图印刷、文具印刷、包装印刷、特种印刷等。

其中，特种印刷是以使用特殊工艺或特殊材质为主的印刷方法，如烫印、凹凸压印、软管印刷、电路板印刷、车票印刷、箔片印刷等。

第三节　印刷的五要素

传统的模拟印刷方式，必须具备原稿、印版、油墨、承印物、印刷机械五大要素才能完成印刷。而对于数字化印刷模式，印版已不再是必需的要素，油墨也可由其他呈色剂或色料代替。

一、原稿

原稿是印刷过程中被复制的对象。印刷原稿可以分为文字原稿和图像原稿。图像原稿又分为线条原稿和连续调原稿。按照光学性能分类，原稿可以分为透射原稿和反射原稿。按照色彩分类，原稿可以分为黑白原稿和彩色原稿。

透射原稿多为使用机械照相机和胶片拍摄的负片、反转片（图1-10和图1-11），现已不多见。反射原稿是指以不透明材料为图文信息载体的原稿。现在做印刷设计使用更多的原稿是数字原稿、反射原稿的老照片及其他手绘画稿等。

图1-10　负片原稿　　　　　图1-11　120反转片（正片）原稿

印刷过程中如果没有好的原稿，就不可能获得高质量的印刷品。对客户提供的原稿要认真分类，选择优质原稿，原稿的品质在印刷复制过程中只会降低，不可能因印刷设置而逆转。

对于数字原稿，多从色彩、内容等方面判断原稿是否可用（屏幕预览），设计人员还要查看其尺寸、分辨率是否符合印刷要求。注意，很多非专业人员会从网络上搜索、下载图片使用，但网络上的很多图片存在像素低、有马赛克、有压缩痕迹等缺陷，属于不可用原稿（图1-12）。

数字原稿的来源有两个：一是请专业人员拍摄；二是从专业图库网站下载高分辨率的原图。

印刷品原稿属于反射原稿，而且是经过加网处理的，所以印刷品原稿原则上属于不可用原稿，但可以通过扫描仪转化为数字稿。当客户要求必须使用印刷品作原稿时，应缩小一半使用，不可放大用。

图1-12　不可用原稿——JPG压缩图片

二、印版

印版是在复制图文时，用于把呈色剂／色料（如油墨）转移至承印物上的模拟图像载体，是将原稿复制成印刷品的重要媒介。在印版上，吸附油墨的部分称为印刷部分或图文部分，不吸附油墨的部分称为空白部分或非图文部分。目前，制作印版所使用的材料主要有金属材料和非金属材料两大类。按照印刷部分、空白部分的相对位置和传递油墨的方式，可将印版分为凸版、凹版、平版、孔版四类。

三、油墨

油墨是印刷过程中被转移到承印物上的成像物质，是印刷的主要材料之一。按照印刷方式的不同，油墨可分为凸版印刷油墨、凹版印刷油墨、平版印刷油墨、孔版印刷油墨及特殊油墨五大类。因承印物材料性能不同、印刷条件变化，油墨的种类千变万化。

四、承印物

承印物是指能够接受油墨或其他黏附性色料并呈现图文信息的各种物质的总称。纸张是最主要的承印物。除纸张外，承印材料相当广泛，如纺织品、陶瓷、塑料、金属、木材、玻璃等。根据承印材料选择恰当的印刷方式是设计人员的基本能力之一。

小贴士

要想获得好的印刷效果，除了选择适当的承印物和油墨之外，还需要选择适当的印刷方式。丝网印刷是一种应用范围非常广泛的印刷方式，是除胶印之外占据很大市场份额的印刷方式。

五、印刷机械

印刷机械是生产印刷品的机器、设备的总称，包括制版机、印刷机、装订机等。现代印刷机一般由输纸装置、输墨装置、印刷装置、收纸装置等组成，平版印刷机还有输水装置。

按照印刷方式分类，印刷机可以分为凸版印刷机、凹版印刷机、平版印刷机、孔版印刷机。

按照承印幅面分类，印刷机可以分为全张印刷机、对开印刷机、四开印刷机、八开印刷机等。

按照印刷色数分类，印刷机可以分为单色印刷机、双色印刷机、四色印刷机、六色印刷机。

按照给纸形式分类，印刷机可以分为单张纸印刷机、卷筒纸印刷机。

按照压印方式分类，印刷机可以分为平压平型印刷机、圆压平型印刷机、圆压圆型印刷机。

小贴士

平压平型印刷机的装版机构和压印机构均呈平面形。在印刷过程中，由于这两个平面要充分接触，需要较大的印刷压力，这样印出来的印刷品墨色厚实、颜色鲜艳、线条饱满。

圆压平型印刷机的装版机构呈平面形，压印机构是一个圆形滚筒，印版固定在版台平面上，版台进行往返平行移动，压印滚筒带着承印物转动，在压力作用下边转边进行印刷。由于装版机构和压印机构接触面较小，印刷速度较平压平型印刷机快，印刷幅面也较大。

圆压圆型印刷机的装版机构和压印机构均为圆形滚筒，两个滚筒向相反方向转动，装版机构和压印机构为线接触，因此印刷压力最小，压印时间短，印刷速度快，生产效率高。这种类型的印刷机目前应用十分广泛。凹版印刷机和平版印刷机通常是圆压圆型的。

第四节　印　刷　纸　张

在印刷设计中，纸张的选择也是设计师应具备的基本能力。恰当、合理地选择和使用纸张，能有效保障印刷品的质量和降低印刷成本。因此，了解印刷纸张的种类、规格，常规开本尺寸，设计尺寸与开纸方法等知识，可提高印前规划设计的合理性、可实施性。

在满足客户需要、使用功能和视觉审美的前提下，成品尺寸的设计应最大限度地利用纸张，减少废料。因此，设计师必须清楚目前国内印刷厂通常使用的纸张规格尺寸，并熟悉纸张的开法。

一、纸张的分类与规格

按照纸张生产包装形式分类，纸张可分为卷筒纸和平板纸两类。卷筒纸是将纸卷在卷纸芯上呈圆柱状的纸卷，主要供轮转印刷机使用；平板纸是按一定的规格裁切成定长、定宽的纸张，适用于平版印刷机。

卷筒纸的标准规格（指宽度）有 787mm、880mm、1092mm、1230mm、1280mm、1400mm、1562mm、1575mm 等。

平板纸的标准规格有 787mm×1092mm、850mm×1168mm、787mm×960mm、690mm×960mm、880mm×1092mm、1000mm×1400mm、900mm×1280mm、890mm×1240mm、880mm×1230mm、889mm×1194mm。彩色印刷常用的平板纸规格有两种，习惯称为正度纸（787mm×1092mm）、大度纸（889mm×1194mm）。

印刷设计中一些常规的开本尺寸多是基于这两种规格的纸张计算的。

二、定量

纸张定量俗称"克重"，即单位面积纸张或纸板的质量，单位为 g/m^2。克重同时表示纸张的厚薄程度。根据定量或厚度，纸张又分为纸和纸板，定量在 $250g/m^2$ 以下的称为纸，定量超过 $250g/m^2$ 的称为纸板，定量越高的纸越厚。

平板纸的包装按令计，500 张全张纸为一令。市场上大宗纸张的贸易常以"吨（t）"计价。所以，不同定量的纸张，往往会换算成令重。令重的计算式如下：

令重（kg）＝单张纸的面积（m^2）×500（张）×定量（g/m^2）÷1000

三、印张

书籍版权页的信息除了标注印刷使用的纸张规格、开本和印数外，还需标注印张数（图 1-13）。在印刷生产中，印张是用于计算用纸量、印工、装订等费用的基本单位。一印张指全张纸印一次，一令纸双面印为 1000 印张。书刊、画册印刷中称一印张为对开纸双面印。图 1-13 标注的印张数为 8，从用纸量角度看，表示这本书内页的用纸量为 4 张全张纸。

印张的计算式为

印张＝总面数 ÷ 开数

开　本：889毫米×1194毫米 1/16
印　张：8
印　数：0001-3000册

图 1-13　书籍版权页部分信息

　　注意：凡是用纸与正文相同、可与正文部分合在一起印刷的前言、目录、空白页等都要计入总面数。

　　以图 1-13 为例，由印张可以推算出书心的总页数，该书书心共 128 页（面），计算过程为

$$8（印张）×16（开数）＝128（页）$$

💧 小贴士

　　凡是小于 1 的印张，统称为零印张，可以通俗地理解为所余面数不足以拼成一个印刷版。

　　在书刊画册的印刷中，常常会出现零印张。零印张的出现会增加印装的难度和成本，可以通过缩减或增加页码来达到降低成本的目的。做商业画册规划设计，页码数比书刊少，也存在"零印张"问题，需注意。

四、用纸量的计算

　　印刷品用纸量以"令"为单位进行计算，印刷过程的实际用纸量包含理论用纸量加印刷损耗补偿数。其计算式为

$$印刷实际用纸量＝理论用纸量×（1＋加放数）$$

1．理论用纸量

　　1）单页、折页类理论用纸量计算式为

$$单页、折页类理论用纸量＝成品印数÷成品开数÷500$$

例如，16 开（展开尺寸）三折页，印量 10 000 份，其理论用纸量为

$$10\,000÷16÷500＝1.25（令）$$

　　2）书刊画册内页理论用纸量计算式为

$$书刊画册内页理论用纸量＝单册印张数×印量÷1000$$

因为书刊画册都是双面印刷，所以印张减半是实际单册用纸量。

　　书刊画册类封面用纸量计算：骑马订的画册，如果封面用纸与内页不同，按照开数单独计算即可，封面包含封底为开本数除以 2；书刊封面包含书脊、勒口等尺寸，按照实际情况计算，如按照其联版开数计算。

2．加放数

　　印刷过程中用以补偿印刷损耗的纸张用量称为加放数，它可以弥补印刷装订过程中套印不准、污损、墨色浓淡不匀等原因造成的损失，确保印刷成品的数量。

　　加放数的多少因纸张的质量和类别不同而有所差异，也与套印色数、装订工艺及成品质量要求等因素相关。各个印刷厂也因各自的设备及技术条件不同，印刷、后工等不同项目的加放数多少都有自己的规定。

　　通常在印刷报价中，计算纸价是按照理论用纸量外加 10% 的印刷损耗通算的。

五、常用的印刷纸张类型

1．铜版纸

　　铜版纸又称为涂料纸，是在原纸上涂布一层白色浆料，经过压光制成的纸张。其表面

光滑，白度较高，纸质纤维分布均匀，厚度一致，伸缩性小，有较好的弹性和较强的抗水性能与抗张性能，对油墨的吸收性与接受状态较好。

铜版纸属于彩色图文印刷用纸，主要用于印刷画册、封面、各种精美的商品广告及彩色商标等。铜版纸因其光亮度较强，不适用于以文字为主的书刊。

常见铜版纸的克重为 $100g/m^2$、$105g/m^2$、$115g/m^2$、$120g/m^2$、$128g/m^2$、$140g/m^2$、$150g/m^2$、$157g/m^2$、$180g/m^2$、$200g/m^2$、$250g/m^2$。

2. 胶版纸

胶版纸又称道林纸，是较好的内页用纸，表面光亮度不如铜版纸高，油墨吸收率相对较强，颜色稍暗，一般专供胶印机作书版或彩色版印刷。胶版纸分为单面胶版纸和双面胶版纸，又有超级压光胶版纸、普通压光胶版纸之分。胶版纸常用克重为 $50g/m^2$、$60g/m^2$、$70g/m^2$、$80g/m^2$、$90g/m^2$、$120g/m^2$、$150g/m^2$、$180g/m^2$ 等。

3. 哑粉纸

哑粉纸即为无光铜版纸，也是彩色印刷的常用纸张。与铜版纸相比，哑粉纸不太反光，主要用于画册、卡片、明信片、精美的产品样本等的印刷。哑粉纸常用克重为 $80g/m^2$、$105g/m^2$、$128g/m^2$、$157g/m^2$、$200g/m^2$、$250g/m^2$、$300g/m^2$、$350g/m^2$。

4. 轻质纸

轻质纸（蒙肯纸）即为轻型胶版纸，其质感和松厚度好，耐折，不透明度高，印刷适应性和印刷后原稿还原性好。轻质纸的颜色与木浆原色相近，给人一种古朴、自然的感觉，长时间阅读不会造成视觉疲劳。这种纸张在同样厚度的情况下比普通胶版纸轻便。轻质纸常用克重为 $55g/m^2$、$60g/m^2$、$70g/m^2$、$80g/m^2$、$100g/m^2$。

5. 轻涂纸

轻涂纸是指一种克重较低的涂布加工纸，纸的正反面都涂布了一层薄薄的涂料，性能介于铜版纸与胶版纸之间，价格较低，主要用于散发量较大的宣传画册等的印刷。

6. 新闻纸

新闻纸也叫白报纸，克重约为 $50g/m^2$，主要用于印刷报纸、期刊等。新闻纸的特点是纸质松、轻，有较好的弹性；吸墨性能好，纸张经过压光后两面平滑，不起毛，从而使两面印迹比较清晰而饱满；不透明性能好；适用于高速轮转机印刷。若新闻纸保存时间过长，纸张会发黄变脆，抗水性能变差。新闻纸表面较粗糙，印刷加网线数不宜过高。

7. 牛皮纸

牛皮纸是坚韧耐水的包装用纸，呈棕黄色，用途较广。牛皮纸的抗拉伸优势使它非常适合包装的需求，适用于各种包装用品。牛皮纸按照颜色可以分为原色牛皮纸、赤牛皮纸、白牛皮纸、平光牛皮纸、单光牛皮纸、双色牛皮纸等；按照用途可以分为包装牛皮纸、防水牛皮纸、防潮牛皮纸等。

牛皮纸是很好的设计用纸，如原色牛皮纸本身为棕黄色，彩色油墨印上后会与纸色产生叠印效果，也就是印上的色彩会笼罩在棕黄色色调下。利用好这一特性，有助于做出更好的设计作品。牛皮纸常用克重为 $60g/m^2$、$70g/m^2$、$80g/m^2$、$100g/m^2$、$120g/m^2$。

8．白卡纸

白卡纸是用纯优质木浆制成的一种较厚实的白色卡纸，经过压光或压纹处理，属于定量较大的厚纸，适于印刷产品的包装，分黄心和白心两种。白卡纸常用克重为 $220g/m^2$、$240g/m^2$、$250g/m^2$、$280g/m^2$、$300g/m^2$、$350g/m^2$、$400g/m^2$ 等。

9．硫酸纸

硫酸纸是由细微的植物纤维通过互相交织，在潮湿状态下经过游离打浆、抄纸，并用72%（质量分数）的浓硫酸浸泡 $2 \sim 3s$，用清水洗涤后以甘油处理，干燥后形成的一种质地坚硬的薄膜型纸张。硫酸纸纸质较脆，有各种颜色，可烫电化铝，其半透明特性使其更适合单面专色印刷。

10．特种纸

特种纸是各种特殊用途纸或艺术纸的统称，种类繁多，具体可参考厂家纸样。

六、印刷开纸

1．开纸常用的名词术语

（1）毛尺寸

造纸厂按照标准生产出厂的纸张规格称为毛尺寸。

（2）光边尺寸

光边尺寸即为开切尺寸，是指纸张能承印的最大幅面。纸张在印刷前必须进行光边、裁切，相关设备如图1-14所示。光边的作用是修正纸张在包装、运输中出现的毛边、卷曲等问题，光边后能给印刷机提供整齐统一的定位边。平板纸的光边尺寸一般是每边各修掉3mm。

（3）印刷尺寸

因印刷过程存在上纸、套准等工艺要求，故上机纸张的尺幅无法做到满版印刷。上机尺寸减去叼口、拖梢、套准检测标志、出血位等所占尺寸后，才是有效印刷面积的印刷（版心）尺寸。

（4）上机尺寸

彩色胶印是按照印刷机的印刷幅面开纸，大版印刷，上机尺寸通常是4开（对应4开印刷机）、对开（对应对开印刷机）、3开（对应3开印刷机）。

图1-14 印刷厂光边、裁切用的切纸设备

平板纸光边后，会按照不同的印刷要求，裁切成4开、对开或3开的尺寸供上机印刷使用。

（5）开本

一张印刷用全张纸裁切成等幅面的纸的份数称为开数。常规的开法是将全张纸对折裁切后的幅面称为对开，把对开纸再对折裁切后的幅面称为4开……印刷品按照设计开数（如16开）装订成册，称为××（如16）开本。

2．开纸方法

开纸以不浪费、便于印刷和装订生产作业为前提。纸张的常见开法有两开法、三开法和特殊开法。

1）两开法就是每次将纸张一开为二，所以开数也是以 2 的倍数增加的。其开本大小依次为对开、4 开、8 开、16 开、32 开、64 开（图 1-15）。为了书刊装订时易于折叠成册，印刷用纸多数以 2 的倍数来裁切。

2）三开法相对比较复杂一些，第一刀是按照纸张的长边一分为三来进行裁切的，所以开数是以 3 的倍数增加的。其开本大小依次为 3 开、6 开、9 开、12 开、18 开、24 开、48 开等（图 1-16）。

3）特殊开法是根据印刷品设计尺寸的特殊需要而采取的一种开法形式（图 1-17）。折数比较多的风琴折就适合长 4 开或长 8 开的特殊开法。可以说，凡是不以两开法和三开法开纸的开本，统称特殊开法。

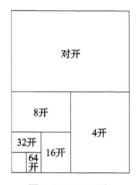
图 1-15　两开法

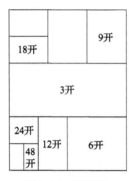
图 1-16　三开法

图 1-17　特殊开法

3．开本尺寸

开本按照尺寸大小，一般分为 3 种类型：12 开以上的为大型开本；16 开～36 开的为中型开本；40 开以下的为小型开本。

不同的开纸方式决定了开本的长宽比例，近似正方形的开本有 6 开、12 开、20 开、24 开、40 开，其他开数为长宽比例不等的长方形。通常，纸张除了按照 2 的倍数裁切外，还可按照实际需要的尺寸裁切。

纸张幅面有不同的规格，虽然它们被分切成同一开数，但其规格大小却不一样。例如，书籍版权页上印有"889×1194　1/16"，是指该书籍是用大度全张纸切成的 16 开，成品尺寸是 210mm×285mm，属于常规大 16 开尺寸。

只有掌握常用纸张的开本尺寸（表 1-1）及开纸方法（图 1-18），才能在印刷设计中合理设计、节约纸张。

表 1-1　常见开本的成品尺寸

单位：mm

开本	正度规格	大度规格
32 开	130×185	142×210
16 开	185×260	210×285
12 开	260×250	285×285
8 开	260×380	285×420
6 开	380×350	420×380

续表

开本	正度规格	大度规格
4 开	380×520	420×575
3 开	760×350	870×380
对开	760×520	870×575

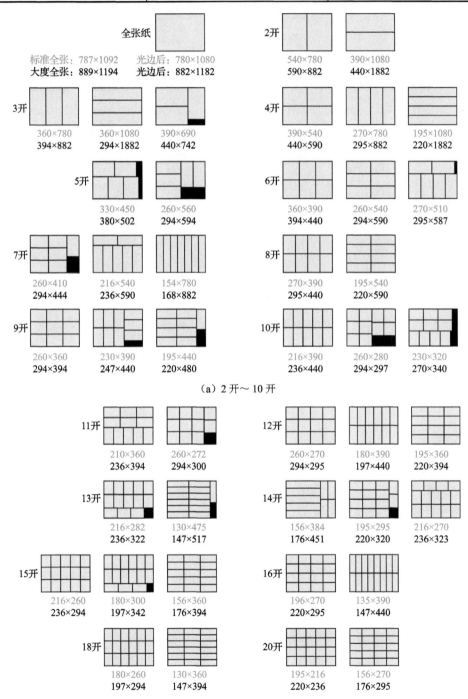

（a）2 开～ 10 开

（b）11 开～ 20 开

图 1-18　正度纸和大度纸的不同开数与开法

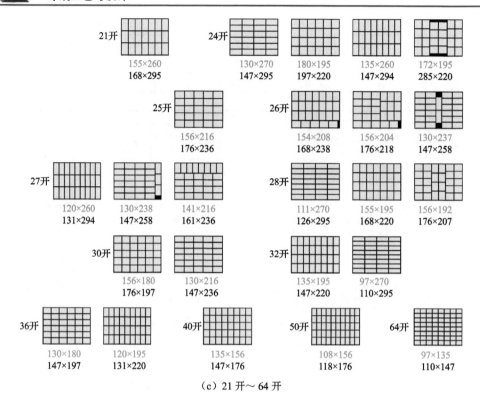

（c）21 开～64 开

图 1-18（续）

所有开纸尺寸均为纸张上机尺寸；单位为 mm

自测题

一、单选题

1. 造纸术的改进者是东汉时期的（　　）。
   A．祖冲之　　　　　B．张衡　　　　　　C．毕昇　　　　　　D．蔡伦

2. 活字印刷术是我国宋代的（　　）发明的。
   A．毕昇　　　　　　B．蔡伦　　　　　　C．祖冲之　　　　　D．宋应星

3. （　　）属于间接印刷。
   A．雕版印刷　　　　B．石印　　　　　　C．胶印　　　　　　D．丝网印刷

4. 定量超过（　　）的纸张称为纸板。
   A．100g/m^2　　　B．150g/m^2　　　C．200g/m^2　　　D．250g/m^2

5. 书帖折页时，垂直交叉折的折数最多为（　　）折。
   A．2　　　　　　　B．3　　　　　　　C．4　　　　　　　D．5

6. 垂直交叉折（正折）第一折完成后，书页按照顺时针方向转（　　）后，才能折第二折。
   A．45°　　　　　　B．60°　　　　　　C．90°　　　　　　D．180°

7. （　　）属于凸版印刷。
   A．柔性版印刷　　　B．石印　　　　　　C．珂罗版印刷　　　D．丝网印刷

8. 凸版印刷、凹版印刷、平版印刷、孔版印刷四大印刷类型是按照（　　　）划分的。

　　A．版面结构划分　　　　　　　　B．印刷的压力划分

　　C．不同的油墨　　　　　　　　　D．不同的承印材料

9. （　　　）是用于将油墨传递至承印物上的印刷图文载体。

　　A．印版　　　　　　B．原稿　　　　　　C．底片　　　　　　D．印刷压力

二、填空题

1. _____是平版印刷的最早产生形式。

2. 珂罗版印刷属于平版印刷，采用的版基材料为_____。

3. 1866 年，_____设计制作的第一张彩色石印招贴，标志着现代招贴的诞生。

4. _____是目前承印材料最广泛的印刷方式。

5. 传统印刷的五要素是原稿、印版、_____、_____和印刷机械。

6. 全开正度纸的规格是_____，全开大度纸的规格是_____。

7. 纸张的定量俗称克重，单位是_____。

8. _____是目前应用最广泛的印刷用纸。

9. 平板纸的包装以令计，_____张全张纸为一令。

三、简答题

1. 什么是印刷？

2. 什么是数字印刷？与传统印刷相比，数字印刷具有哪些优势？

3. 一本 16 开的书，内页正文 113 页，目录、前言、空白页共 7 页，则其印张数是多少？

4. 近似正方形的开本有哪些？

自测题答案

第二章

彩色胶印工艺流程

学习目标

熟悉当前以纸品印刷为主的彩色胶印工艺原理及生产流程。了解常规后工项目的种类、工艺特点及最终效果。理解印前设计与印刷和后工项目的关联性，能够按照印刷和后工工艺要求指导印前设计。

学习要点

1）胶印成像原理与调幅加网的四要素。

2）印前设计与印刷。

3）表面整饰的项目。

4）上光与覆膜的不同特征。

5）局部 UV 工艺在印前设计阶段的表现。

6）电化铝烫印在印前设计阶段的表现。

7）凹凸压印的特征。

8）模切压痕工艺与纸盒成型。

9）开本与折手。

10）画册常用的装订方式——骑马订与锁线订。

第一节　胶　印　原　理

一、胶印的概念

现代彩色胶印是指用颜料三原色（青、洋红、黄）加黑色的四色印版，以纸张为承印材料，复制原稿图文信息的平版彩色印刷技术。在印刷过程中，一般采用橡皮布滚筒作为中间体来转移油墨，而橡皮布表面涂有一层橡胶，所以称这种印刷技术为"胶印"。

目前，书刊、报纸和相当一部分商业印刷品采用胶印印刷。胶印具有印刷图文精细、层次丰富、印刷速度快、印刷质量相对稳定、整个印刷周期短等优点。

二、胶印原理

1. 油水相斥原理

胶印属于平版印刷，在印版上形成的图文部分和空白部分几乎处于同一个平面。胶印的印刷原理是利用油、水不相溶的规律，通过化学处理使图文部分具有亲油性，使空白部分具有亲水性。印刷时，先用润湿液润湿印版的空白部分，使其形成具有一定厚度的、均匀的、抗拒油墨浸润的水膜；然后在印版的图文部分着墨，使其形成有一定厚度的均匀墨膜；在印刷压力的作用下，印版图文部分的油墨先被压印到橡皮布滚筒上，再经橡皮布滚筒转印到承印物上。因此，胶印属于间接印刷。

2. 网点成像

胶印的印版是平的，无法依赖油墨的厚度来表现印刷品上图文的层次，但通过将不同的层次拆分成微小的肉眼觉察不到的网点单元，就能有效地表现出丰富的图像层次。

我们通过一个实验可以更好地理解网点成像的原理。把书逐渐推远，看图 2-1 的变化，随着距离的推远，单位面积内的黑色网点与白色底（纸色）在一定距离下观看会产生并置混合的视觉效果，形成一定明度的灰色。灰色的深浅（明度）由黑色网点与白底的比例决定。

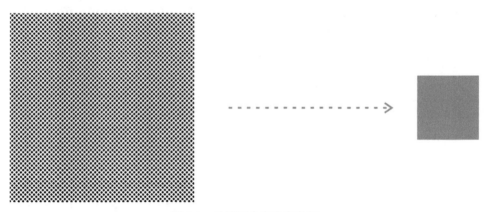

图 2-1　并置混合产生灰色调

1852 年，英国物理学家威廉·亨利·福克斯·塔尔博特成功地将连续调图像分解为由网点组成的半色调图像，通过大小不同的网点来表现不同层次的深浅图像，这就是加网技术，此项发明在英国获得专利。加网技术也称为半色调技术。半色调是指利用单位面积内网点的大小与密度，通过并置混合的视觉效果表现图像的明暗度。现代彩色胶印通过加网技术实现对图文的复制再现。加网技术的发明是印刷史上一个重要的里程碑，其类型从传统的玻璃网屏加网、接触网屏加网、电子网屏加网，发展到现在的数字加网。

印刷品的网点可以小到肉眼难以分辨的程度，把印刷品放置在高倍放大镜下观察，可以看到这些丰富的色调由四种颜色点（青、洋红、黄、黑）及由这四种颜色叠加形成的间色构成，随着颜色点大小的变化，色彩的深浅会随之变化（图2-2和图2-3）。

（a）印刷效果　　　　　　　　　　　　　　（b）高倍放大镜下观看效果

图2-2　四色油墨网点相互叠印形成彩色图像

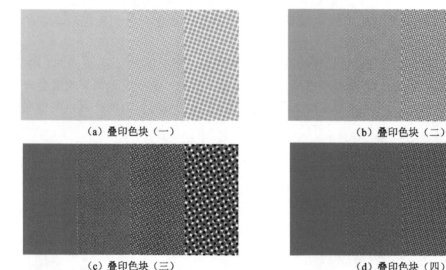

（a）叠印色块（一）　　　　　　　　　　　　（b）叠印色块（二）

（c）叠印色块（三）　　　　　　　　　　　　（d）叠印色块（四）

图2-3　四色油墨网点相互叠印形成彩色色块

网点在印刷中的作用体现在两个方面：一方面，网点是印刷中最小的感脂斥水单位，起着使版面分割吸附油墨的作用，同时网点的大小还能调节油墨量的多少；另一方面，网点在印刷的色彩组合中起着组织颜色、层次和图像轮廓的作用。

由此可见，使用加网技术，通过网点覆盖率的变化和组合，使印刷品颜色在色相、明度和饱和度上产生变化，从而呈现各种颜色。彩色胶印技术就是将原稿分解成四色印版，分解的同时进行加网处理，解决了颜色深浅控制问题，如同画水彩画用水的多少控制颜色深浅一样。青、洋红、黄、黑四个色版再准确套印在一起，完成颜色的传递转移，从而实现印刷复制（图2-4）。目前，加网技术是再现原稿色彩、层次、阶调的极有效的办法。

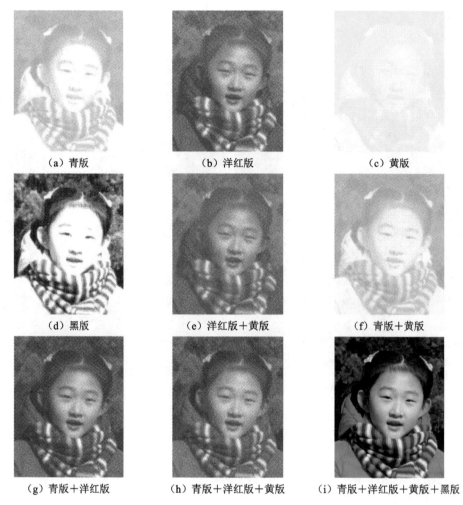

（a）青版	（b）洋红版	（c）黄版
（d）黑版	（e）洋红版＋黄版	（f）青版＋黄版
（g）青版＋洋红版	（h）青版＋洋红版＋黄版	（i）青版＋洋红版＋黄版＋黑版

图 2-4 色彩的分解与合成

三、加网方式

1. 调频加网与调幅加网

调频加网是指通过对固定大小的网点做不同密度、频率的分布调整，实现色彩深浅的变化。其特点是网点大小不变，而网点中心距发生变化，即以点的疏密（而不是点的大小）来表现图像的层次。目前，调频加网技术主要应用于喷墨打印机，如喷绘、写真等输出设备。

调幅加网是指通过改变印刷品网点面积来实现半色调图像的合成，网点大的地方颜色深，网点小的地方颜色浅。调幅加网的特点是点间距固定，点的大小改变。调幅加网的缺点在于网点间的距离是固定的，在亮调和暗调位置无法表现图像的细微层次，不能做高保真印刷。目前，绝大部分胶印工艺使用调幅加网技术进行制版和印刷。

2. 调幅加网的四要素

调幅加网具有网点形状、加网角度、加网线数和网点大小四要素。

（1）网点形状

网点形状在像素的灰度值增加的过程中，随着调幅加网网点的面积增大，最终网点会互相接触，产生阶调层次跳跃。而网点可以有不同的形状，如正方形、菱形、圆形、椭圆形、双点式等（图 2-5）。

（a）圆形网点 　　　　　　　　　　　（b）方形网点

图 2-5　PS 模拟的网点形状

正方形网点在 50% 的网点面积覆盖率处扩张系数是最高的。在 25% 的网点面积覆盖率处，菱形网点的长轴交接，产生第一次阶调跳跃；在 75% 的网点面积覆盖率处，菱形网点的短轴交接，产生第二次阶调跳跃。菱形网点交接时仅在两个顶角发生，其阶调跳跃比方形网点要缓和得多，用菱形网点来复制图像时印刷阶调曲线较为平缓，中间调范围内表现良好，故菱形网点适用于以中间调为主的原稿。同面积的网点中，圆形网点的周长是最短的。当采用圆形网点加网印刷时，图像中的高光和中间调处网点不相接，但在网点面积覆盖率为 70% 处的暗调才发生网点交接现象，并且扩张系数也比较高，故圆形网点在暗调层次处的表现能力较差。圆形网点一般适用于复制亮调较多、暗调较少的原稿。椭圆形网点与菱形网点类似，网点的交接也发生在网点面积覆盖率为 25% 和 75% 处。

（2）加网角度

加网角度是指网点中心连线与水平线的夹角（图 2-6）。

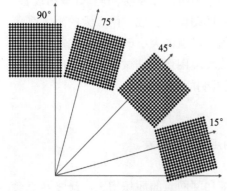

图 2-6　加网角度

网角范围是 0°～90°。四色印版上的网线角度必须按照一些特定的角度错开排列，这样既可以避免不同的颜色相互叠印在一起，又可以避免不同方向的网点相互干扰而产生干涉条纹（龟纹）。如果网点角度选择的合适，各个色版网点叠印出来的花纹比较美观，对视觉干扰小（图 2-7）。

1）网线角度对视觉效果的影响。印前系统的图像加网由光栅图像处理器（RIP）计算产生，理想的加网角度是 0°、15°、45°、75°。每种色版之间相隔 30° 角差，但在 90° 范围内以 30° 角差只能安排三个色版，一个色版只能用 15° 角差。0° 网角对视觉最敏感，45° 网角对视觉最不敏感。

（a）加网角度错误的图像产生撞网现象　　　　　　　（b）加网角度正确的图像

图 2-7　加网角度正误比较

2）网线角度的合理选用。四种颜色在 90° 内分配，要考虑以下几个方面：

①黄版宜安排在 0°，图像主色宜安排在 45°。

②普通图像，黄版为 0°，青版为 15°，黑版为 45°，洋红版为 75°。

③暖色调为主的原稿，黄版为 0°，青版为 15°，洋红版为 45°，黑版为 75°。

④冷色调为主的原稿，黄版为 0°，洋红版为 15°，青版为 45°，黑版为 75°。

（3）加网线数

1）常用的加网线数。加网线数是指沿着网线角度的方向，单位长度内包含的网点数，单位是"线 /in"或"线 /cm"，即 lpi（lines per inch）或 lpcm（lines per centimeter）。这里的"线"是指由网点构成的线，即"网线"。lpi 是加网线数的单位，它表示每英寸内包含的网线行数。单位面积内网点的数量决定图像的细腻、清晰程度。加网线数越多则网线越细，网线数越少越容易用肉眼看到印刷品的网点（图 2-8）。

常用的加网线数：80lpi、100lpi、120lpi、133lpi、150lpi、175lpi、200lpi。150lpi 以下的加网线数，均能使人明显感觉到印刷品网点的存在。理想的加网线数应该是在一定的视觉距离内感觉不到网点的存在。

🜂 **小贴士**

既然加网线数越高，印刷图像越细腻、清晰，那么为什么不全部采用最高的加网线数呢？从印刷原理来讲，加网线数越高，图像层次再现就越细腻、清晰，但受纸张质量和印刷工艺条件的制约，生产中并非加网线数越高越好。

图 2-8　60lpi 下的印刷网点

2）加网线数选择的因素。决定加网线数选择的主要因素有纸张、印刷方式、印刷品的阅读距离和印刷条件。

① 不同的纸张决定不同的加网线数，纸张的平滑度及粗糙度等表面性能决定了它们对加网线数的要求不一样。纸张表面越粗糙，印刷时使用的网线数应越低，否则会因为网线稠密，油墨扩散黏糊而造成印刷品质不够清晰。报纸所用的新闻纸类，纸表面粗糙，太小的网点会形成破碎的边缘，或者完全落在凹下去的地方，因此应该使用较大的网点印刷，其加网线数可为 80～133lpi；表面无涂布的印刷纸张的网线数最好为 120～150lpi；表面经过涂布的铜版纸使用的印刷网线数通常为 175lpi 或 200lpi。

② 不同印刷方式能达到的加网线数差别很大，胶印达到的加网线数最高，其次是凹版和柔性版印刷，丝网印刷能实现的加网线数最低。

③ 从不同的距离观看同一印刷品时，其层次在人眼中是不同的。一般来说，印刷幅面越大，观看距离越远，可选择低的加网线数。例如，张贴用的海报采用 133lpi 的加网线数时，纸张的选择就可以降低标准，以降低印刷成本。

④ 印刷条件是制约高加网线数的关键因素。当加网线数超过 200lpi 时，对印刷操作人员的操作技能和印刷设备及工艺水平要求非常苛刻。如果选用较高的加网线数，必须同时选用质量较好的纸张、颗粒较细的油墨和分辨率较好的印版。使用 200lpi 以上的网线数需要先与印刷厂确认是否能够印刷出如此高的网线数。

3）加网线数的选择。

做印刷品设计稿时，在设计软件中不需做任何加网线数的设置，输出时统一在照排机上进行加网。平面设计人员需要懂得在什么情况下怎样选择合适的加网线数，并在输出胶片或计算机直接制版（computer to plate，CTP）印版时提出相应的要求。

在现实中，一般采用铜版纸、哑粉纸等印刷的画册，常规加网线数采用 175lpi。

（4）网点大小

1）网点面积百分比。网点面积百分比（或称网点面积覆盖率）是指单位面积内黑色网点与白底色面积的比例，用以展示颜色的深浅浓淡变化。在设计软件中，印刷色的设置均采用百分比表示，0～100% 表示由最浅到最深（图 2-9）。例如，30% 表示黑点面积占三成，白底面积占七成，明度上属于浅灰色。

图 2-9　网点百分比与颜色的明度变化

💧 **小贴士**

在印刷中，网点面积百分比通常用"成"来表示，如 10% 称为一成网点，20% 称为两成网点，以此类推，有三成网点……九成网点（0 称为绝网，100% 称为实底）。

2）以印刷颜色表示网点大小。平面设计软件中可选择的色彩模式中均有 CMYK 模式，这是基于颜料混合的色彩模式，也是印刷设计的专用色彩模式，由颜料的三原色加黑色构成（图 2-10）。

C、M、Y、K 分别表示印刷中的四色油墨（C 指青，M 指洋红，Y 指黄，K 指黑）。色彩的变化用百分数（网点面积百分比）表示（图 2-11）。例如，大红色用印刷色定义为 M100Y100，表示洋红色和黄色实地叠印的颜色。

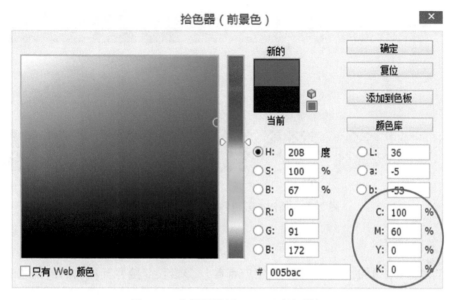

图 2-10 印刷设计以 CMYK 定义颜色

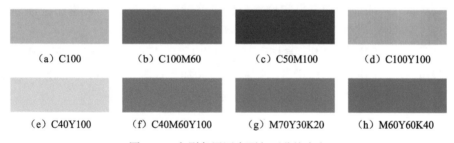

| （a）C100 | （b）C100M60 | （c）C50M100 | （d）C100Y100 |
| （e）C40Y100 | （f）C40M60Y100 | （g）M70Y30K20 | （h）M60Y60K40 |

图 2-11 印刷色用网点面积百分比定义

3）网点大小的测量。在设计中，有时需要判断某些印刷成品中色块的颜色构成百分比。网点的大小可用以下几种方法来测量：

① 用连续密度计测量密度，再换算成网点面积百分比。

② 用网点密度计测量，直接测出网点的面积百分比。

③ 用读数放大镜估测网点面积百分比。

在读数放大镜下怎样判断网点的百分比呢？可根据网点之间的空隙推断。五成以内的网点可根据两黑点之间的空隙能容纳同大小黑网点的数量来判断（图 2-12）。判断方法如下：

五成网点——对边两颗黑网点之间能放置 1 颗同大小的网点。

四成网点——对边两颗黑网点之间能放置 1.25 颗同大小的网点。

三成网点——对边两颗黑网点之间能放置 1.5 颗同大小的网点。

二成网点——对边两颗黑网点之间能放置 2 颗同大小的网点。

一成网点——对边两颗黑网点之间能放置 3 颗同大小的网点。

六成以上的网点反之。

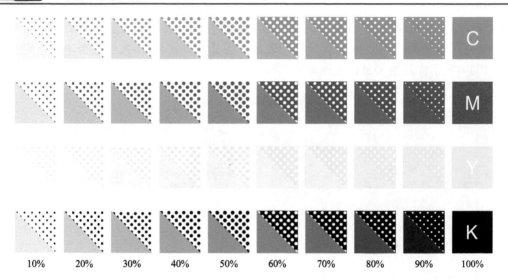

图 2-12　CMYK 四色网点百分比变化对照

四、胶印工艺流程

胶印作为目前主要的印刷方式，其生产有着一套相互衔接并互相制约的工艺流程，以保证印刷质量。完整的印刷流程分为印前、印刷（印中）和印后加工（简称后工）三个阶段。

印前是指上机印刷之前所涉及的工艺流程，一般指印刷规划、设计、排版、输出胶片（菲林）、打样等工作。

印刷（印中）是指印刷中期的工作，是通过印刷机印刷出成品的过程。

印刷品的后工是指印刷品后期加工成型（成品）的工作，包括上光、烫印、凹凸压印、模切压痕、装订等。

微课：彩色胶印
工艺流程

💧 小贴士

印刷的三个工序是相互衔接、相互制约的。印前设计必须符合印刷、后工的工艺技术要求，否则后续工艺必定无法完成。因此，熟悉印刷和后工设备的基本工艺要求是印前设计制作人员（平面设计师）必须具备的基本能力。

第二节　从设计到印刷

一、印前制作

印刷品设计分为艺术表现与印刷工艺规划两部分。艺术表现部分的内容，有很多相应的专题设计课程，如版式设计、包装设计、招贴设计等，本书不作详细介绍。印刷工艺规划是指设计稿要符合印刷及后工环节的相应工艺要求，即设计稿的可生产性。

印前数字稿件的制作涉及制版、印刷、后工的相应工艺要求规范。例如，数字文件的色彩模式、分辨率、存储格式等，对印版的输出会产生影响；印前规划的开本尺寸、装订方式等与印刷拼版、印刷纸张及后工的相关设备的工艺要求是直接相关的。

下面以招生简章的印前制作与印刷（图2-13）为例讲述印前制作的主要工作流程。

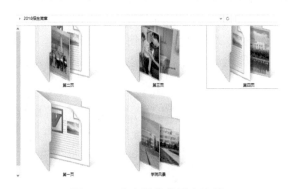

图 2-13　客户提供的图文资料

1．工艺规划

理解客户的要求，合理进行印刷工艺规划。例如，是做单张、折页还是画册；开本尺寸、印张、装订方式、纸张种类及定量；用哪些后工项目等。

根据客户的要求及提供的原始图文资料，制订本例招生简章印刷工艺规划如下：

1）开本形式：大16开对折页。

2）印刷方式：四色胶印。

3）纸张：大度200克铜版纸。

4）成品数量：5 000份。

5）拼版方式：4开自翻版。

6）加网线数：175lpi。

7）后工工艺：单面光膜、裁切成品。

2．版式设计

分析图文资料并依据印刷工艺规划，构思绘制版式设计草图（图2-14）。版式设计属于艺术表现部分。

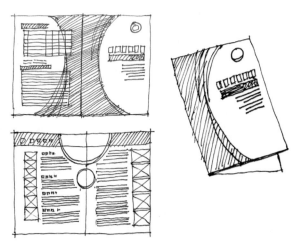

图 2-14　版式设计草图

3．图文处理

图文原稿处理包括反射、透射原稿的扫描输入，数字原稿的调整校色，文字稿的整理输入等。

本例中客户提供的均为数字图文资料。使用 Photoshop 软件逐个检查调整图像资料（图 2-15），使其符合设计及印刷制版要求。需注意的问题有色彩模式、图像尺寸、分辨率、色阶色彩调整、存储格式等。

图 2-15　图像处理

4．图文排版

使用排版或矢量软件将图像、图形与文字内容按照设计好的版面进行排版，形成数字页面文件（图 2-16）。需要注意的问题有成品尺寸、出血尺寸等。

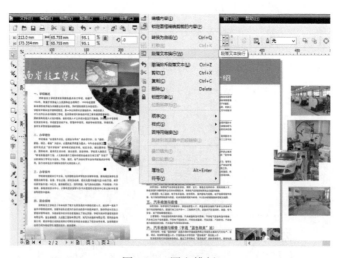

图 2-16　图文排版

5．数码打样

将排好版的电子文档（数码样）打印出来，修正定稿（图 2-17）。

图 2-17　数码打样稿

6．拼大版

经过修改定稿的数字页面文件可以转印刷环节印刷。拼大版是把设计好的单个文件拼组成印刷机能够使用的印版版式的过程，以适应印刷和后工加工要求。拼大版是数字设计文件转为发片文件或 CTP 制版文件的关键工作流程。

设计人员必须熟悉拼版的基本方式，这样才能做好前期的印刷规划及制作计划。本例中，招生简章最终采用 4 开自翻版拼版方式（图 2-18）。

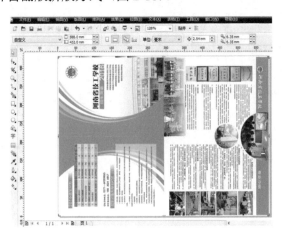

图 2-18　4 开自翻版

二、印刷环节

1．印版

版房是印刷厂的制版部门，其主要工作是拼版、计算机直接制版或晒制预涂感光版（pre-sensitized plate，PS）。制版是印刷的关键环节，一旦开机印刷，即使发现错误也是不可逆的。因此，版房有一套严谨的工作流程，包括审单与整理、文件检查、拼大版、输出打样、签样、输出制版等。

　　彩色胶印印版有 PS 版、CTP 版。PS 版是由制造商在铝板上面预先涂好感光性树脂层的平版印刷版，使用时直接曝光、显影，然后完成制版，其制版环节需要晒版胶片辅助完成（图 2-19 和图 2-20）。

图 2-19　"招生简章"案例晒版用胶片

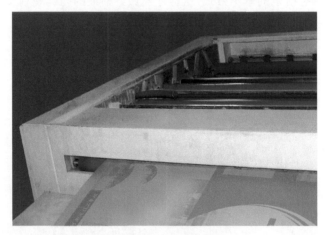

图 2-20　PS 版显影

　　CTP 版是指将彩色桌面出版系统中编辑的数字页面文件直接生成印版的制版技术。CTP 系统由设备、版材、软件等部分组成，包括直接制版机、冲版机、印刷版、发排软件、数码打样软件（RIP 软件）、系统管理软件等（图 2-21）。

　　与 PS 版相比，CTP 版完全取消了胶片工艺及相应材料，极大地简化了工艺流程，明显缩短了制版时间并减少了中间过程的质量损耗和材料消耗；制版时印版能精确定位，四色印版套印精度良好；能形成 175 ～ 300lpi、256 阶调的网点；印刷质量显著提高。

图 2-21 "招生简章"案例的 CTP 印版

2．平版胶印机的结构和工作原理

（1）普通平版胶印机

普通平版胶印机主要由三个滚筒、湿润装置和供墨机构构成。其工作原理是胶印印版（PS版或 CTP 版）安装在印版滚筒上，通过湿润装置先润湿印版，供墨机构通过三套胶辊对印版进行着墨，非图文部分会排斥油墨，只有图文部分着墨；印版图文的油墨再转移至橡皮布滚筒，并通过橡皮布滚筒转移至印纸上。橡皮布由橡胶涂层和基材（如织物）构成的复合材料制品制成，橡皮布滚筒除了转移油墨之外，还有弥补机器的综合误差和缓冲吸振的作用（图 2-22）。

（2）四色平版胶印机

四色胶印是指从送纸到收纸的一个印刷过程能够同时完成四色印刷。四色平版胶印机（图 2-23）由以下几个部分构成。

1）输纸机构，由输纸台、检测器、传动机构、自动升纸机构等构成（图 2-24）。高速印刷机每分钟送纸近 200 张。

2）印刷机构，由印版滚筒、橡皮布滚筒、压印滚筒构成。

3）输水机构，由水斗、水斗辊、传水辊等部件构成。

4）输墨机构，由供墨、匀墨、着墨辊构成（图 2-25）。

5）收纸机构。自动收纸装置在高速印刷时收纸堆能自动下降。卷筒印刷机的收纸机构由传送装置、折页装置、收纸装置等构成。

3．印刷作业流程

印刷作业流程包括印前准备、装版试印、正式印刷、印后处理等环节。

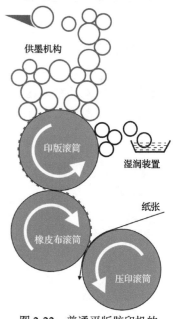

图 2-22　普通平版胶印机的
结构与工作原理

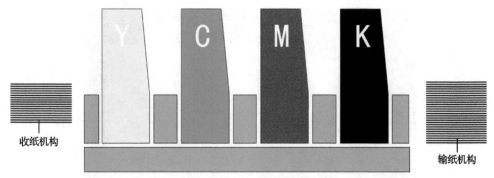

图 2-23   四色平版胶印机示意图

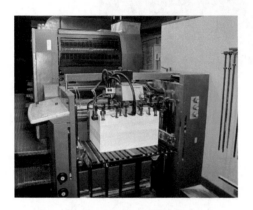

图 2-24   四色平版胶印机输纸机构

图 2-25   四色平版胶印机输墨机构

印前准备工作包括纸张裁切处理、油墨准备、印刷机规矩调整、印版检查等。装版试印包括上纸、安装印版（图 2-26）、开机调试，以及调整输纸机构、水墨量大小、印刷压力、规矩尺寸等。试印结果达到要求后开始计数正式印刷（图 2-27）。印刷过程中要随时检查印刷品质量，及时调整印刷机。印刷结束后进行印刷机清洗保养及印版纸张的处理。

图 2-26   "招生简章"案例待装机的印版

图 2-27   "招生简章"案例印刷完成的印张

第三节   印后加工

后工是整个印刷生产过程中的最后一道工序，是将印刷出来的印张加工成最终所需要的式样和使用性能的生产工序，主要包括印刷品表面整饰和成型加工。表面整饰是对印刷品进行表面上光、覆膜、烫印等处理，增强印件的耐磨、防污能力。表面整饰具有美化装饰功能，使印刷品达到更好的视觉效果。成型加工主要包括书刊画册的装订、纸容器的模切压痕加工等。

　　本节仅从印前设计角度对主要后工项目进行讲解，不涉及后工生产具体的材料标准、设备操作及维护等内容。印前设计人员只有掌握印后加工的相关知识，了解不同加工工艺的效果，才能合理地做好印刷规划与稿件设计。

一、表面整饰

　　表面整饰是在印刷品上进行覆膜、上光、电化铝烫印、凹凸压印、压纹和其他装饰加工的总称。

1. 覆膜

　　覆膜属于纸张印刷后的加工工艺，是指在透明塑料薄膜表面涂布黏合剂，与印刷品热压复合。画册封面等印刷物覆膜后装饰效果更强，同时增强了印刷品的耐磨性、耐潮性，使纸包装盒承重增加，更牢固。全自动覆膜机如图 2-28 所示。

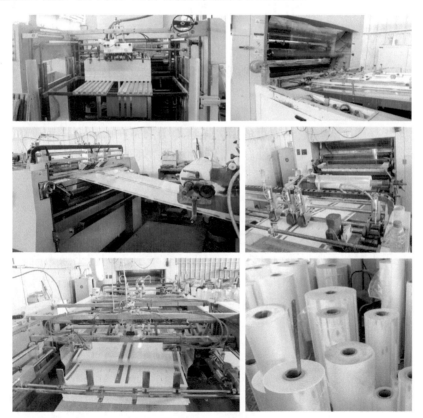

图 2-28　全自动覆膜机

　　覆膜工艺最大的弊端是覆膜后的纸张和薄膜材料难以回收，浪费资源，也不利于环保。覆膜的印前设计规划注意事项有如下几点：

1）覆膜分光膜和哑膜，可根据设计风格选用。

2）一般印刷品只做单面覆膜处理。

3）定量在 200g/m² 以下的纸张在单面覆膜后边角会翘起，甚至卷曲成圆筒，无法保持平整。

4）有大面积深色块设计时，覆哑膜容易覆不实，覆膜后表面有白色粉点状的残留，尤其是全黑色，无法避免。

5）纸张覆膜后，一般的笔不好往上写字，只能用油性笔写。

2．上光

上光是对印件表面进行保护性处理的一种措施，其作用是增强印刷品表面平滑度、光泽度。经上光处理的印刷品防水、耐光性更好，油墨色彩鲜艳持久。与覆膜相比，上光工艺符合环保要求，易降解，不影响纸张的回收再利用。

（1）上光的分类

上光可分为满版上光、局部上光、消光上光和艺术上光。满版上光是指在印刷品表面涂（或喷、印）上一层无色透明涂料，经处理后在印刷品表面形成一种薄而匀的透明光亮层。满版上光有亮光与亚光之分，可根据设计风格选择。满版上光多应用于包装纸盒、书刊画册封面、招贴画等印刷品的表面加工。局部上光一般是在印刷品上对需要强调的图文部分进行上光，通过光泽度的反差产生艺术效果。消光上光采用的是亚光油，与普通上光效果相反，其目的是降低印刷品的光泽度，产生特殊的艺术效果。艺术上光采用的是特殊涂料，可产生特定的艺术效果，如采用珠光油上光可以使印刷品表面产生珠光效果。

按照上光油的干燥方式，上光可分为溶剂挥发型上光、热固化上光和 UV 上光（紫外线上光）。目前，由于具有独特的优势，UV 上光技术已经广泛应用于精装书籍、包装装潢、商标、画册的表面加工。

UV 上光即紫外线上光，是将专用的 UV 光油均匀涂布在印刷品表面或局部区域，经紫外线灯管照射，在极快的时间内干燥固化，在印刷品表面形成一层坚硬透明固态胶状物，略凸出印刷品表面，提高光泽并形成保护作用。UV 上光具有高亮度、不退光、高耐磨性、干燥快速、无毒等特点。

（2）局部 UV

在印刷设计中应用局部 UV 上光工艺能有效提高印刷品表面装饰效果，突出设计主题。局部 UV 主要应用于书刊画册封面和包装产品的印后整饰方面，上光图案与周边图案相比显得鲜艳、亮丽、立体感强，从而使印刷品呈现特殊的印刷效果，以达到锦上添花的目的。经过 UV 处理后的文字、图片，更加立体，有艺术感，可起到画龙点睛的作用（图 2-29）。

图 2-29　局部 UV 成品效果示例

丝网印刷具有油墨转移性高、墨层厚实、立体感强的特点，故局部 UV 上光多首选丝网印刷（图 2-30）。

图 2-30　用丝网印刷做局部 UV 上光工艺

局部 UV 注意事项有如下几点：

1）不适合与覆光膜或过油同时使用，否则难以达到 UV 的提亮效果。

2）UV 面积不宜过大，否则容易出现效果不明显、生产困难且次品多、成本高等缺陷。

3）可以与凹凸工艺同时使用在相同位置来提升质感。

4）不能与烫金工艺同时使用在相同位置。

局部 UV 上光工艺，在设计时需要另外制作一块黑版，按照图形形状绘制剪影图，实底填色。此时分两种方式：①在已经印刷出来的图形上做 UV 工艺（图 2-31）；②在没有图形的印刷版面上做 UV 工艺来显示图形（图 2-32）。

微课：覆膜、上光
与局部 UV 工艺

图 2-31　在印刷的图形上做 UV 处理，单色版黑稿要比印刷图形略大 0.2mm

图 2-32　在没有印刷图形的底色上直接做 UV 图形也需要一块单色黑版

3. 电化铝烫印

电化铝烫印俗称"烫金"，是借助一定的压力和温度，利用金属箔或颜料箔把烫金模版的图文转移到被烫印刷品表面的工艺。目前主要采用电化铝作为烫印材料，烫印产品具有

图 2-33　烫金效果

很强的金属质感和光泽度，并具有一定的防伪性能，能有效提升印刷品的视觉效果（图 2-33），被广泛应用于高档包装、商标、画册等的印后加工中。

烫印方式主要有热烫印和冷烫印两种。热烫印是指利用专用的金属烫印版通过加热、加压的方式将烫印箔转移到承印物表面的工艺，烫印精度高，立体感强，烫印产品能够产生独特的触感。冷烫印是指利用 UV 固化黏合剂将烫印箔转移到承印物上的方法。冷烫无须专门的烫印设备，也无须制作金属烫印版。由于冷烫印过程不需要加热，在塑料等不适合采用热烫印的材料加工中更具优势。

立式烫印机如图 2-34 所示。烫印图文具有强烈的金属光泽，光亮度大大超过金属色印刷。烫印用的电化铝（图 2-35）颜色除了常见的金、银色外，还有红、蓝、翠绿等金属色。

制作烫金版（烫印版）的材料有铜板和锌板。铜板传热好，耐压、耐磨，不变形；锌板烫印数量少。烫印要求版材厚度在 1.5mm 以上，图文深度在 0.5～0.6mm。烫金版上图形、文字是反向的（图 2-36）。

烫金版　　　电化铝

图 2-34　立式烫印机

图 2-35　烫印用的电化铝

图 2-36　烫金版

烫印常出现的问题是烫印不上（或不牢），耐磨性差；反拉（是指烫印后底色墨层被电化铝拉走）；图文字迹发毛，缺笔断画；光泽度差等。因此，烫印要求烫印压力、时间、温度与烫印材料、承印材料的质地吻合，图文烫牢、不糊、不花、不脱落。总之，应当表面平整、清楚干净。

烫印的印前设计规划注意事项有如下几点：

1）特别细小的烫印内容，如细线条、很小的字体或图形，不太容易展现细节效果。烫印设计的最细线条宽度应不小于 0.2mm。

2）烫印的颜色除了金、银色，还有其他颜色可选。

3）烫印按照面积计费，一般不做过大的满版烫印设计。

4）烫印整块大实底内容，极容易出现烫不实的问题。

5）烫印时，纸张越厚越容易留下压力压过的痕迹。

6）烫金工艺可以与凹凸工艺同时使用在相同位置来提升印品质感和档次。

7）烫印的图文不能印刷在印品上，在发排时要注意印版上不要把需要"烫"的内容印上，也不要把底图挖空。把要烫印的内容提取出来，专门做一块版，而印刷版要把底图完全印出来，否则会出现烫印错位的问题（图 2-37）。

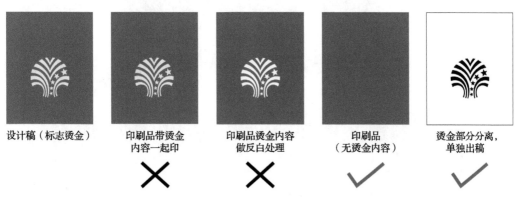

设计稿（标志烫金）	印刷品带烫金内容一起印	印刷品烫金内容做反白处理	印刷品（无烫金内容）	烫金部分分离，单独出稿
	✕	✕	✓	✓

图 2-37　由设计稿到印刷，烫金部分的正确处理方式

4. 凹凸压印

凹凸压印又称压凸纹印刷，指的是使用凹凸模具，在一定的压力作用下，使印刷品发生塑性变形的加工工艺。采用对应的凹凸锌版，将印品放置于其间，通过施加较大的压力压出浮雕状凹凸图文，使印刷品显得更加精美并富有立体感（图 2-38）。

图 2-38　凹凸压印示例

凹凸压印的印前设计规划注意事项有如下几点：

1）凹凸压印面积不宜过大，否则容易出现效果不明显、生产困难、次品多、成本高等问题。

2）凹凸压印时，纸张越薄，凹凸效果越不明显，定量在 200g/m² 以上（含 200g/m²）的纸张压印效果较好。

3）凹凸压印工艺可以与烫金工艺同时使用在相同位置来提升质感。

4）特别细小的内容不容易展现凹凸压印效果。

5．压纹

压纹工艺是一种使用网纹辊（图2-39）在一定的压力作用下使印刷品产生塑性变形，从而对印刷品表面进行艺术加工的工艺。根据网纹辊上的凹凸纹样的不同，可以将纸张压出各式各样的纹路（图2-40）。

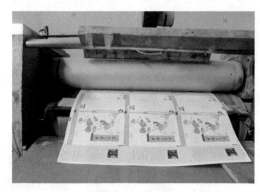

图2-39　网纹辊

图2-40　压纹样式示例

压纹的印前设计规划注意事项有如下几点：

1）压纹可以单面压纹，也可以双面压纹。

2）纸张的坚韧度、厚度等因素决定压纹的深度及效果，纸张越薄效果越不明显。

3）压纹后，纸张会产生变形，纸张上印刷的内容会出现轻微偏移。如果对印刷内容的位置精度要求高，不可设计压纹。

4）压纹尽量配合覆膜使用，单面覆膜或双面覆膜均可，覆膜类型选哑膜最好。

二、模切压痕工艺

模切压痕工艺是纸容器成型加工的关键工序。模切是用模切刀根据设计的图样形状制成模切版，在压力作用下，将印张轧切成所需形状的成型工艺。使用模切工艺，印刷品的形状便不再局限于直边直角。压痕则是利用压线刀或压线模，在压力的作用下，在印张上压出痕迹或留下供弯折的槽痕，使其能够按照预定位置进行弯折成型。定量较大的纸张折叠时往往容易出现裂痕，经压痕后，更易于弯曲和折叠。

模切压痕工艺通常把模切刀和压线刀组合在同一个模版内，在模切机上同时进行模切和压痕加工，简称模压或模切。模切压痕版简称模压版或模切版，俗称刀版（图2-41）。

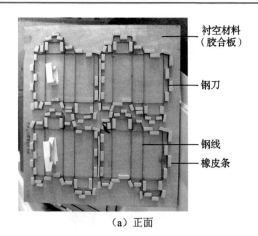
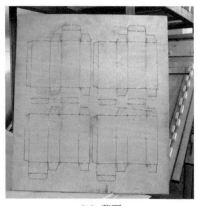

衬空材料
（胶合板）

钢刀

钢线
橡皮条

（a）正面 （b）背面

图 2-41 模切版的构成

1. 模切压痕工艺加工的对象

（1）异形设计

对于非直角边外形的标签、折页等是异形设计的单件印刷品，需要采用模切压痕工艺制作（图 2-42 和图 2-43）。

（2）纸容器成型

纸盒（图 2-44）加工主要经过设计、制版印刷、表面整饰、模切压痕、制盒等工艺流程。

微课：折叠纸盒加工
流程与刀模图绘制

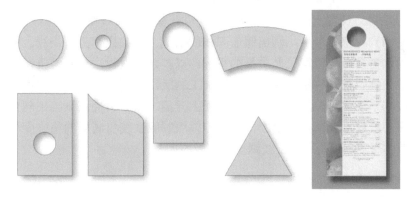

图 2-42 所有异形设计都要通过模切实现

图 2-43 模切压痕成型的扇形标签

图 2-44　模切压痕成型的纸盒

2．排刀

模切压痕版的制作称为排刀，排刀所用的材料主要有钢刀、钢线、衬空材料及橡皮等。钢刀、钢线在模切版中的位置是由衬空材料来固定的。衬空材料是框架基础，金属材料的铅、钢、铝和非金属材料的木板、胶合板等都可以用作衬空材料，通常使用胶合板。用胶合板制作的模切版，制版精度高、加工方便、成本低。

排刀过程是将刀模图上所需裁切的模切线和折叠的压痕线图形，按照实样大小比例，准确无误地复制到衬空材料上，制出镶嵌刀线的狭缝，并镶嵌钢刀、钢线。图样复制的准确性及嵌缝的优劣是影响模切工艺质量的关键。以胶合板做衬空材料的模切版现在均采用激光制版。激光制版就是应用激光切割技术加工制版，其制作工艺是把刀模图数据输入计算机，自动控制系统便可控制激光束在胶合板上开槽，然后由控制系统控制自动弯刀机自动弯刀，最后刀线嵌入胶合板槽缝中。激光刀模版制版系统将制版的精确度和自动化程度提高到一个新的高度，可规避手工线锯排刀制版的误差。

3．模切机

用以进行模切压痕加工的设备称为模切（压）机。模切机的机构均由模切版台和压切机构两大部分组成。将模切版装到模切版台上，压切机构在压力作用下，将印件轧切成型并压出折叠线或其他模纹。模切机分为平压平型模切机、圆压平型模切机和圆压圆型模切机三种基本类型。

1）平压平型模切机根据版台及压板的方向位置，又可分为卧式和立式两种。卧式平压平型模切机的版台和压板工作面相互平行，下面的压板由机构驱动向上压向版台而进行模切。立式平压平型模切机工作时，版台固定不动，压板经传动压向版台而对版台施压（图 2-45）。

2）圆压平型模切机主要由做往复运动的平面形版台和转动的圆筒形压力滚筒组成，可进行较大幅面的模切。

3）圆压圆型模切机的版台和压切机构都是圆筒形的。工作时，送纸辊将纸板送到模切版滚筒与压力滚筒之间，由两者将其夹住对滚时进行模切，模切版滚筒旋转一周，就是一个工作循环。圆压圆型模切机的生产效率是各类模切机中最高的，制版成本也比较高，技术上也有一定难度，所以圆压圆型模切机常用于大批量生产。

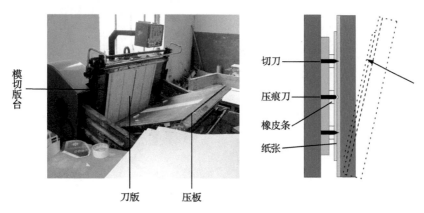

图 2-45　立式平压平型模切机

4．模切压痕工艺印前设计规划注意事项

1）模切版是依据印前设计的盒形或异形图的稿件尺寸制作的，在印前阶段要精确绘制刀模图，在此基础上加 3 ～ 5mm 出血，设计编排图文（图 2-46）。

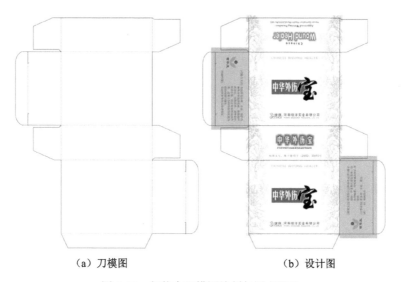

（a）刀模图　　　　　　　　　　　（b）设计图

图 2-46　包装盒刀模图绘制与图文设计

2）做模切设计，在设计时具体内容（主要是文字）距成品边不能小于 1.5mm，不然容易切掉内容。

3）模切版两个刀线之间的垂直距离不小于 3mm，太小不能排刀。两个盒形的最近刀线之间的最小垂直距离不宜小于 5mm。

4）画刀线时不同模切要求的刀线标注的样式不能相同，通常实线表示切断，虚线表示压痕（图 2-47）。

切刀线 ──────────

压痕线 ············

压点线 ─·─·─·─·─

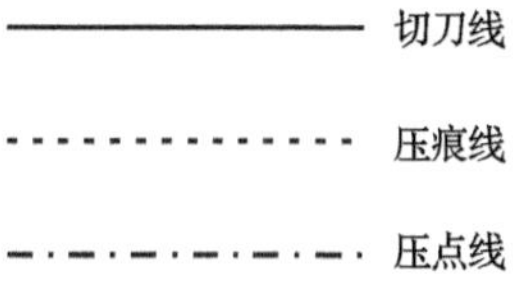

图 2-47　不同样式的线表示不同的模切要求

5）拼大版时注意模切版的格位必须与印刷的格位相符（图 2-48）。

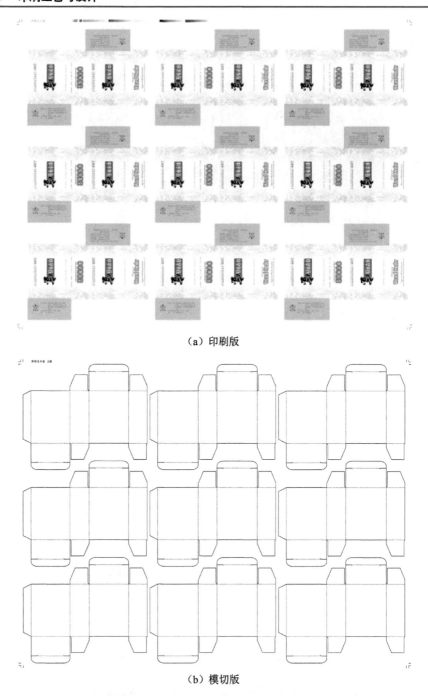

（a）印刷版

（b）模切版

图 2-48　小盒拼版印刷与刀线格位要对应

三、装订

1. 装订方式分类

装订是指将印好的书页经折页、配帖等工序加工成册的工艺过程。装订方式按照装订方法主要分为骑马订、铁丝平订、无线胶装、锁线订等；按照产品形式主要分为平装、精装、线装、活页等。

商业画册以平装居多，骑马订、锁线订是其常用的装订方式。

2．平装装订工艺

平装是书刊画册常用的一种装订方式，以纸质软封面为特征，经过撞页裁切、折页、配页、订书、包封面、切书等工艺环节完成装订。

（1）撞页裁切

撞页裁切是将印张撞齐并切成符合要求的规格尺寸，要求同一开本规格的印张裁切的大小尺寸一致、准确（图2-49）。

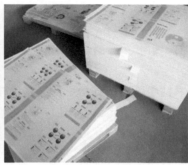

图 2-49　待撞页裁切的印张

（2）折页

将印张按照页码顺序折叠成书刊画册开本大小的书帖，或将大幅面印张按照要求折成一定规格的幅面的过程称为折页。常用的折页方法有垂直交叉折页法、平行折页法和混合折页法等。

1）垂直交叉折页是指折页时前一折和后一折的折缝相互垂直，最多不超过四折的折页，主要应用于书刊画册的内页，开本为常规的 16 开、32 开等。其特点是书帖的折叠、配页、订锁等工序的操作比较简便；折数与页数、版面数之间有一定的规律。

① 垂直交叉折页法（正折）：以纸张的横长边的垂直轴线为折叠中缝，从右向左折第一折，然后按照顺时针方向把纸旋转 90°；再次以横长边的垂直轴线为折叠中缝，从右向左折第二折，然后按照顺时针方向把纸旋转 90°；依次重复，折第三折、第四折（图2-50）。注意，折的次数与印刷幅面和成品开本相关。

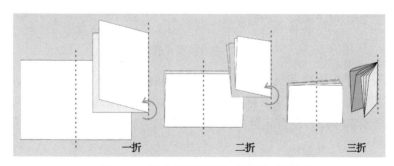

图 2-50　垂直交叉折页法（正折）示例

② 垂直交叉折页法（反折）：以纸张的横长边的垂直轴线为折叠中缝，从左向右折第一折，然后按照逆时针方向把纸旋转 90°；再次以横长边的垂直轴线为折叠中缝，从左向

右折第二折，然后按照逆时针方向把纸旋转 90°；依次重复，折第三折、第四折（图 2-51）。

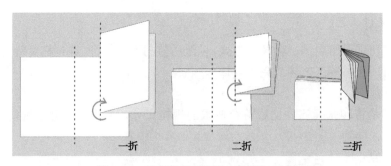

一折　　二折　　三折

图 2-51　垂直交叉折页法（反折）示例

2）平行折页是指折页时前一折和后一折的折缝相互平行的折页，多用于折叠长条形的印刷品。

3）混合折页是指在同一书帖中既有平行折页，又有垂直折页，适用于方开本画册，如三折 6 页的书帖（图 2-52）。混合折页还可以折出横开本（图 2-53）。

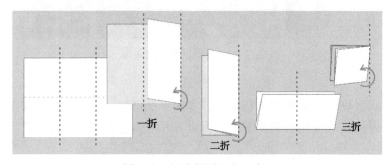

一折　　二折　　三折

图 2-52　混合折页（方开本）

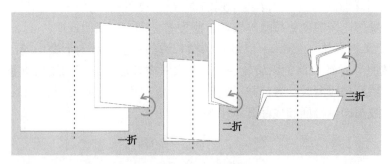

一折　　二折　　三折

图 2-53　混合折页（横开本）

折页可以分为手工折页和机械折页。目前，印刷厂大多采用机械折页。机械折页工艺是指采用折页机将印张折页形成书帖（图 2-54）或印刷半成品的过程。折页机分为刀式折页机、栅栏式折页机和栅刀混合式折页机（图 2-55）。卷筒纸印刷机一般设有折页装置。

（3）配页

配页就是把已折好的所有书帖，按照顺序配齐，准备装订。配页又分为配书帖和配书心。配书帖是指把零页或插页按照页码顺序套入或粘在某一书帖中。配书心是指将书帖或单张按照页码顺序配集成书册的工序。配书心的方法有套帖法、配帖法两种。

1）套帖法。将一个书帖按照页码顺序套在另一个书帖里面形成两帖以上厚而只有一个帖脊的书心（图 2-56）。

2）配帖法。将各个书帖按照页码顺序，一帖一帖地叠摞在一起做成书心（图 2-57）。配帖法常用于平装书或精装书。

图 2-54 折页形成书帖

图 2-55 折页设备

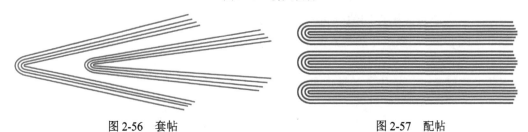

图 2-56 套帖 图 2-57 配帖

（4）订书

把书心的各个书帖，运用各种方法牢固地连接起来的加工过程称为订书。订书的方式有骑马订、铁丝平订、无线胶装、锁线订等。

装订方式与配书心的方式有关，采用配帖法成册的书心适合铁丝平订、无线胶装、锁线订等装订方式；采用套帖法成册的书心适合骑马订。

（5）包封面

书心制好后包上封面，成为平装书刊画册的毛本。现在除畸形开本书采用手工包封面外，其他均采用机械包封面。封面应包得牢固、平整，书背上的文字应居于书背的正中直线位置，不能歪斜；封面应清洁、无破损、无折角等。

（6）切书

切书是指把经过加压烘干、书背平整的毛本书，用切书机将天头、地脚、切口按照开本尺寸裁切整齐，成为可阅读的书刊画册的过程。切书使用的设备是三面切书机，其上有三把钢刀，它们之间的位置可按照开本尺寸进行调节。

3．常用书刊画册装订方式

（1）骑马订

骑马订是指将套帖配好的书心连同封面一起，在书脊上用两个铁丝钉扣钉牢的装订方法。骑马订的优点是成本低、速度快、生产效率高；缺点是牢度较低，封面和书页易脱落。骑马订一般用来订64页以下的薄本画册、杂志、小册子等（图2-58）。

图 2-58　骑马订加工

（2）锁线订

将配好的书心按照顺序用线一帖一帖沿折缝串订起来，并互相锁紧，这种装订方式称为锁线订（图2-59）。锁线订的优点是书刊画册书页较牢固，不掉页、不脱页；书的外形无订迹，书页无论多少都能在翻开时摊平；订口部分占用的空白位置少，便于阅读；普遍适用于平装书和精装书。锁线订的缺点是生产加工效率较低。

图 2-59　锁线订的书心

（3）无线胶装

无线胶装是指用胶水料黏合书页的订合形式，通常把书帖配齐，再在书脊上锯成槽或铣毛打成单张，经撞齐后用胶水料将相邻的各帖书心粘连牢固，再包上封面。无线胶装的优点是订合后和锁线订一样不占书的有效版面空间，翻开时可摊平，成本较低；缺点是书籍放置过久或受潮后易脱胶，易使书页脱散。

无线胶订联动机能够连续完成配页、撞齐、铣背、锯槽、打毛、刷胶、粘纱布、包封面、刮背成型、切书等工序。

（4）铁丝平订

铁丝平订是指把配齐的书帖用铁丝钉从订口订成书心，然后包上封面，最后裁切成书的一种订合形式。其优点是经久耐用；缺点是订口要占去一定的有效版面空间，书页在翻开时不能摊平，时间久了铁丝会生锈。

自测题

一、单选题

1. 通常普通四色胶印黑版的加网角度是（　　）。
   A. 15°　　　　　　 B. 45°　　　　　　 C. 75°　　　　　　 D. 90°

2. 一般采用铜版纸印刷的画册，常规加网线数采用（　　）。
   A. 80lpi　　　　　 B. 100lpi　　　　　 C. 175lpi　　　　　 D. 200lpi

3. 彩色胶印中，代表青、洋红、黄、黑的字母分别是（　　）。
   A. Y、M、C、K　　　　　　　　　 B. R、G、B、K
   C. C、Y、K、M　　　　　　　　　 D. C、M、Y、K

4. 覆膜不能起到（　　）的作用。
   A. 上光泽　　　　 B. 耐磨　　　　　 C. 环保　　　　　 D. 防潮

5. （　　）不属于骑马订的特点。
   A. 牢固性高　　　 B. 成本低　　　　 C. 装订速度快　　 D. 便于翻阅

6. 铁丝平订的书心越厚，其摊平程度（　　）。
   A. 越好　　　　　 B. 越差　　　　　 C. 大致相同　　　 D. 不受影响

7. 凹凸压印是在印刷品表面压出（　　）的效果。
   A. 浮雕　　　　　 B. 光泽　　　　　 C. 折痕　　　　　 D. 轮廓

8. 下列工艺中，属于后工工艺的是（　　）。
   A. 木版水印　　　 B. 电化铝烫印　　 C. 喷墨印刷　　　 D. 热转印

9. 纸容器的加工流程一般是（　　）。
   A. 制盒—印刷—表面加工—模切压痕
   B. 模切压痕—印刷—表面加工—制盒
   C. 印刷—表面加工—模切压痕—制盒
   D. 表面加工—印刷—模切压痕—制盒

二、填空题

1. 平版胶印中，印版上接受油墨的部分称为_____。

2. 四色印刷时，如果各色版的加网角度不正确，很容易产生花网的干扰图案，俗称_____。

3. 在印刷中，网点均采用百分比表示，0称为_____。

4. 将印张按照页码顺序折叠成书帖的过程称为_____。

5. 上光工艺按照上光油的干燥方式，可分为_____、_____和_____。

6. 配页分为两种不同的方式，分别为_____和_____。

7. 烫金版的制版材质有_____和锌板。

8. 模切机按照压印方式可分为平压平型模切机、_____型模切机、圆压圆型模切机。

9. 单张纸折页机按照折页方式可分为_____、栅栏式折页机、混合式折页机。

10. 最常用的烫印材料为_____。

11. 精装一般可采用的订书心方式是_____。

12. 平装可采用的订书方式有_____、锁线订、无线胶订。

13. 商业画册最常见的装订方式为_____、锁线订。

三、简答题

1. 调幅加网的四要素具体是指什么？

2. 制约加网线数选择的因素有哪些？

3. 什么是网点面积覆盖率？

4. 列举4种以上的后工工艺。

5. 简述平装的主要工艺流程。

6. 简述烫金的质量检查要素。

7. 什么是刀版？

8. 简述上光与覆膜的异同。

9. 装订的基本类型有哪些？

自测题答案

第三章
印前制作（一）——图文处理

学习目标

　　学会图像原稿的调整与校色，从印刷工艺角度较全面地掌握印前设计中关于色彩、原色、专色、黑版及文本编辑等内容，使数字设计稿件符合后续印刷、后工工艺的要求，具有可实施性。

学习要点

　　1）数字图像的存储格式。

　　2）常用的色彩模式。

　　3）分色设置。

　　4）原色与专色的属性及应用。

　　5）识读印刷色谱。

　　6）使用 Photoshop 软件修正图像原稿。

　　7）文本的正确设置。

第一节　图像的来源

一、印前制作常用软件

　　图像编辑软件：Photoshop。

　　矢量软件：CorelDRAW、Illustrator。

　　文字处理软件：Word、WPS。

　　排版软件：InDesign、QuarkXPress、方正飞腾等。

二、数字图像的基本类型

1．像素图像

（1）像素图像的概念

像素图像又称为点阵图、光栅图像等，由彼此相邻的彩色像素组成，其效果就像小方块拼成的马赛克图案，彼此间有固定的位置和不同的颜色。像素是图形单元的简称，它是位图最小的完整单位（图3-1）。

图3-1　像素图像

像素图像的优点是适合表现连续调变化的各类自然景色、人物等摄影图像，能从颜色和层次的各个方面完美再现原景物。其缺点是不能无限制地放大使用，在印刷中会影响再现图像的品质，出现马赛克、模糊等瑕疵。

像素图像可通过数码照相机和扫描仪等设备获得，它们具有色彩模式、分辨率、存储格式的区分，分别适用于不同的输出用途。像素图像的编辑调整一般用Photoshop软件处理。

（2）分辨率与图像大小

图像大小（尺寸）和分辨率是像素图像的两个重要特征，图像的分辨率和图像的宽、高尺寸一起决定了图像文件量的大小及图像质量。图像的品质与图像分辨率有关，图像分辨率通常是指每英寸中像素的个数，分辨率的单位为ppi。分辨率与图像清晰程度成正比，分辨率越高，图像越清晰，产生的图形图像文件也越大，在图形处理时所需计算机的内存容量也越多。

使用Photoshop软件的"图像大小"对话框（图3-2）可以很方便地查看图像尺寸和分辨率。在"图像大小"对话框中，文档大小的宽度和高度指的是能实现的印刷成品尺寸，分辨率可以直观理解为印刷再现的精度。彩色胶印一般要求的原图分辨率是300ppi。从图3-2的信息看，这张原稿可以满足8cm×10cm的印刷设计要求。如果一定要把它放大到一张4开海报的尺寸使用，其结果是非常模糊的。像素图像原稿在印刷设计中，硬性放大带来的是其品质的降低。

图 3-2 "图像大小"对话框

（3）分辨率与加网线数

印刷设计对图像分辨率的要求取决于印刷的加网线数，加网线数越高对图像分辨率的要求越高（表 3-1）。不同输出用途对图像分辨率的要求不同，用于网络传播的图像分辨率通常为 72ppi 或 96ppi，彩色印刷图像分辨率通常为 300ppi。

表 3-1　图像分辨率与加网线数的关系

加网线数 /lpi	图像分辨率 /ppi	适用纸张
200	350	铜版纸、哑粉纸
175	300	铜版纸、哑粉纸
150	300	胶版纸
80	150	新闻纸

2. 矢量图形

矢量图形也称为向量图形，由大量数学方程式创建，其图形是由线条和填充颜色的块面构成的，而不是由像素组成的。

矢量图形由矢量软件创建，与分辨率无关，可以任意放大、缩小和变形，不会出现锯齿状，依然平滑、清晰。因此，矢量图形可以自动适应输出设备的最大分辨率，无论打印的图形有多大，都能保证清晰的质量要求。

矢量图形中的对象可以互相覆盖而不会互相影响。矢量图形修改方便，每个图形对象都是一个独立"单位"，它们可以在画面上相互重叠，也可以轻松将它们分开重新编辑，只编辑其中某个对象也不影响图形中的其他对象。

矢量图形没有分辨率的概念，其文件量非常小。

3. 像素图像与矢量图形的相互转换

(1) 矢量图形转像素图像

矢量软件的导出命令可以方便地将矢量图形导出成像素图像，并能在 Photoshop 软件中进一步编辑。矢量图形导出成像素图像时，应注意根据输出用途设置其尺寸、分辨率、色彩模式和文件存储格式（图 3-3 和图 3-4）。

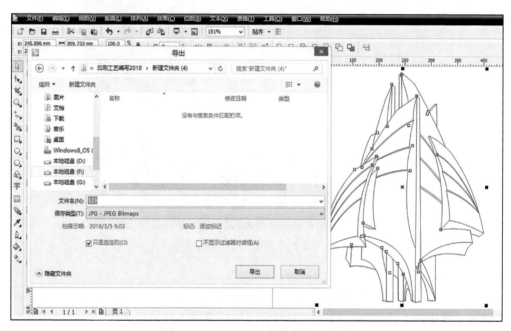

图 3-3　CorelDRAW 软件的导出设置

图 3-4　使用 Photoshop 软件进一步编辑图像效果

（2）像素图像的矢量化

矢量软件都有图像追踪功能，可以将像素图像做矢量转换。CorelDRAW 软件中的描摹位图命令可以做不同方式的矢量化处理（图 3-5）。

图 3-5　矢量化处理示例

设计中会选择将像素图像做矢量化处理的情况有如下几种：①需要对图像进行艺术处理；②原始图片效果欠佳；③图像做衬底；④标志、文字之类追踪修整。

三、图像文件的存储格式

像素图像需要占用大量的存储空间和较长的处理时间，转换图像的存储格式是改变图像文件大小的方式之一，同一幅图像可以用不同的格式存储，不同文件格式的数字图像，其压缩方式、存储容量及色彩表现不同，图像质量差别很大，适应不同的输出用途。

每种图像文件格式都有自己的特点，有的图像质量好、包含信息多，但存储空间大，如 TIFF 格式；有的压缩率较高、图像完整，但占用空间较少，如 JPG、GIF 格式。与平面设计软件及印刷设计相关的图像文件格式主要有以下几种。

1．TIFF——印刷专用格式

TIFF 是由 Aldus 公司和 Microsoft 公司为桌面出版系统研制开发的一种较为通用的图像文件格式。在印刷稿件设计中，排版软件导入的大部分图像文件是 TIFF 格式文件。

2．JPG/JPEG——有损压缩格式

JPG/JPEG 是常见的图像文件格式，是目前网络可以支持的图像文件格式之一。JPG/JPEG 格式压缩文件比较大，可大幅缩小文件的大小，标准压缩后的文件只有原文件大小的 1/10，压缩率可达到 100∶1。

JPG/JPEG 格式属于有损压缩，反复以 JPG/JPEG 格式保存图像会降低图像的质量并出现压缩处理的痕迹，造成图像数据的损伤，故这种格式的图像文件不适合放大观看和印刷品设计使用。其优势是存储文件容量较小，适合应用于互联网，可缩短图像的传输时间。

🌢 **小贴士**

印刷设计注意：JPG/JPEG 格式的有损压缩是不可逆的，尽管 JPG/JPEG 格式可以另存为 TIFF 格式，但是，图像质量无法恢复。从网络上下载的 JPG/JPEG 图像大都不能满足印刷设计要求。

3. PSD——Photoshop 软件的专用文件格式

PSD 格式可以支持图层、通道、蒙版和不同色彩模式的各种图像特征，是一种非压缩的原始文件保存格式。PSD 文件有时容量会很大，可以分图层编辑处理图像。在 Photoshop 软件中，对于尚未制作完成的图像，选用 PSD 格式保存是最佳的选择。

🌢 **小贴士**

印刷设计特别注意：PSD 格式的图形文件因其可以做透底处理，在排版设计中常被使用，也往往会导入矢量软件使用。但在拼版发排时，PSD 格式的文件易出现诸多问题，宜谨慎使用，如在矢量软件中不做非等比例缩放、不旋转使用等。

4. PSB——大型文档格式

PSB 格式支持宽度或高度最大为 300 000 像素的文档。PSB 格式支持所有 Photoshop 软件功能，如图层、效果和滤镜等。若以 PSB 格式存储文档，则只有在 Photoshop CS 及更新版本的 Photoshop 软件中才能打开该文档。其他应用程序和旧版本的 Photoshop 软件无法打开以 PSB 格式存储的文档。

5. EPS——交换文件格式

EPS 格式是 Illustrator 软件和 Photoshop 软件之间可交换的文件格式。EPS 文件是目前桌面印刷系统普遍使用的通用交换格式当中的一种综合格式。使用这种格式生成的文件不易出现问题，大部分专业软件都能处理它，可以给文件交换提供很大的方便。

由于在保存过程中 EPS 格式图像占用存储空间过大，如果仅仅保存图像，则不必使用 EPS 格式。如果文件要打印到无 PostScript 的打印机上，为避免打印问题，最好也不要使用 EPS 格式，可以用 TIFF 或 JPEG 格式来替代。

6. PNG

PNG 的中文全称为"可移植性网络图像"，是网络上可接受的最新图像文件格式。PNG 格式能够提供长度比 GIF 格式小 30% 的无损压缩图像文件，压缩比高、生成文件体积小是其特点。Photoshop 软件可以处理 PNG 图像文件，也可以用 PNG 图像文件格式存储。目前最常使用 PNG 的情况就是将去除背景的图像格式存储成 PNG 格式，然后用 Flash 软件来制作 Flash 文件。

7. GIF——动画存储格式

几乎所有相关软件都支持 GIF 格式。GIF 格式具有文件体积小、成像相对清晰、支持透明背景等特点，特别适合于网络传输，经常用于动画、透明背景图像等的存储。其缺点是最多只能处理 256 种色彩，不能用于存储真彩色的图像文件。

第二节 印前图文色彩处理

一、色彩模式与应用

色彩模式（图3-6）是计算机表示颜色的一种算法。色彩模式可以相互转化，但会给图像色彩带来不可逆的变化。

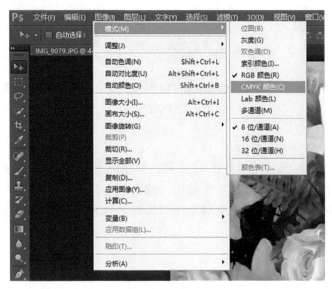

图3-6 色彩模式

1. RGB 模式

RGB 模式属于色光混合模式，适用于显示器、投影仪、数码照相机等设备。R、G、B 分别指色光三原色——红、绿、蓝。RGB 的取值范围为 $0 \sim 255$，$R = G = B = 0$ 是黑色，$R = G = B = 255$ 是白色。

在 Photoshop 软件中，某些滤镜效果必须在 RGB 模式下才能应用。

2. CMYK 模式

CMYK 模式属于颜料混合模式，适用于打印机、印刷机等输出设备。C、M、Y 分别指颜料三原色——青、洋红、黄，K 指黑。

在印刷过程中，色彩还原一般是通过网点大小来模拟和再现连续调效果的，所以用网点百分比来表示颜色变化。$0 \sim 100\%$ 表示由浅到深的颜色变化（网点覆盖率的变化）。

CMYK 是印刷设计专属色彩模式，其色域比 RGB 小，所以有些图像由 RGB 转换 CMYK 后颜色会变得灰暗。在印刷设计中会大量接触 RGB 原稿，可能印刷出来的图像和设计中的颜色有偏差。因此，在设计之初需转换成 CMYK 模式使用。

在 Photoshop 软件中，"色域警告"（图3-7）可提示哪些色彩超出了印刷色的显示范围。执行"色域警告"命令，灰色部分是提示该部分超出了印刷色的色域。

图 3-7　色域警告

3．Lab 模式

Lab 模式是依据国际照明委员会在 1931 年为颜色测量而制定的原色标准得到的，它是一种与设备无关的颜色模式，是独立于输出、输入设备而建立的色彩体系。L 表示亮度，取值范围为 0 ～ 100；a 表示在红色到绿色范围内变化的颜色分量；b 表示在蓝色到红色范围内变化的颜色分量。

4．灰度模式

灰度图像表达的只是单色信息，相对而言灰度图像处理要简单些。在印刷设计中，应注意充分表达原稿的亮暗信息，力求灰度图像拥有丰富细腻的阶调层次变化。

（1）彩色图像转换为灰度图像的 4 种方式和效果

1）RGB/CMYK 模式直接转换为灰度模式 ［图 3-8（b）］。

2）Lab 模式，留 L 通道，删除 a、b 通道 ［图 3-8（c）］。

3）执行"去色"命令后，转灰度模式 ［图 3-8（d）］。

4）在 RGB 模式下观察所有通道，分离通道，留用阶调层次丰富的通道（图 3-9）。

| （a）原图 | （b）RGB 模式直接转换为
灰度模式 | （c）Lab 模式，留 L 通道
删除 a、b 通道 | （d）执行"去色"命令 |

图 3-8　不同方式转灰度图像的效果比较

（a）红色通道　　　　　　　　　　（b）绿色通道　　　　　　　　　　（c）蓝色通道

图 3-9　RGB 模式下分离三色通道得到的三幅不同阶调层次的灰度图像效果比较

（2）灰度图像的着色方法

在 Photoshop 软件中，运用"色相 / 饱和度""渐变映射"等工具可以很方便地为灰度图像着色（图 3-10）。

图 3-10　运用"色相 / 饱和度"为灰度图像着色

5.位图模式

位图模式属于黑白二值图像，即只用黑和白两种颜色来表示图像中的像素，将图像转换为位图模式时会丢失大量细节。

在 Photoshop 软件中，要先将图像转换为灰度模式，然后才可以执行转换位图命令。在印刷品设计中，位图模式主要用于艺术表现（图 3-11）。转换为位图模式的图像可以存储为TIFF 格式，导入矢量软件 CorelDRAW 后，可以重新填色（图 3-12）。

（a）原图　　　　　　　　　（b）50%阈值　　　　　　　（c）半色调网屏——直线

图 3-11　Photoshop 软件中图像转换位图后的两种效果

图 3-12　位图模式的图像可以在矢量软件中重新填色

6．双色调模式

双色调模式使用 2～4 种油墨来产生图像，在 Photoshop 软件中双色调命令只针对灰度图像生效。在将灰度图像转换为双色调模式的过程中，可以对色调进行编辑，产生特殊的效果。

双色调模式在印刷设计中多用来对灰度图像原稿着色以弥补灰度图像的不足（图 3-13）。

（a）原图　　　　　　　　　　　　　　（b）双色效果

（c）三色效果

图 3-13　灰度图像原稿用双色调做着色处理的效果

二、分色设置

1．分色的概念

彩色复制的过程是在分析原稿色彩的基础上，将原稿上千变万化的颜色分解为黄、洋红、青、黑 4 种颜色，形成 4 块印版，再利用四色油墨在承印物上再现。

分色是指将 RGB 颜色模式转换成 CMYK 颜色模式的过程。在 Photoshop 软件中，分色操作是对 RGB 图像执行"图像"→"模式"→"CMYK 颜色"命令，完成模式转换。从通道面板查看，图像已形成 C、M、Y、K 4 个颜色通道，每个通道对应一个印刷色版的颜色数据（图 3-14）。

Photoshop 软件中分色操作虽然方便，但是在由 RGB 模式转换为 CMYK 模式分色过程中，如何设定 CMYK 工作空间、建立分色方式会影响后续的印刷。分色过程中有关印刷参数（这些参数是针对四色胶印系统的设备特征而设立的）的设置功能十分重要，它可以对油墨颜色、网点扩大、分色参数等进行设定。

2．分色方式的建立

（1）自定 CMYK

在 Photoshop 软件中可通过执行"编辑"→"颜色设置"命令打开"自定 CMYK"对话框（图 3-15）。

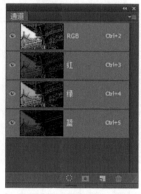 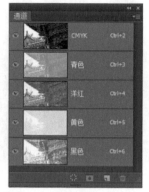

（a）分色前　　　　　　　　（b）分色后

图 3-14　图像分色后的通道变化

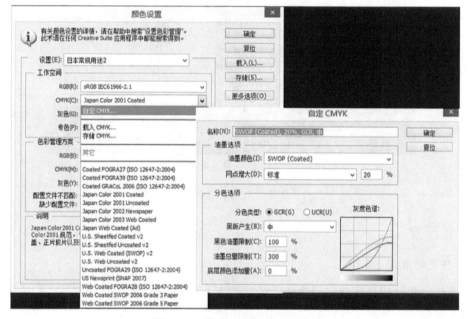

图 3-15　"自定 CMYK"对话框

（2）油墨颜色

在 Photoshop 软件中，"油墨颜色"选项提供了油墨颜色的选择标准。选项中包括"自定义"和一些普遍使用的胶印油墨标准。其中普遍使用的胶印油墨标准包括 SWOP（在美国常用）、TOYO（在日本常用）、EUR-ostandard（在欧洲常用）。各种印刷纸张各有不同的标准，如铜版纸（coated）——涂料纸标准，胶版纸（uncoated）——非涂料纸标准，新闻纸（newsprint）——报纸印刷标准。印刷中的颜色与使用的油墨、纸张类型及印刷条件相关，一般国产四色胶印油墨可选择"TOYO（coated）"。

（3）设定网点增大

当油墨印在纸上时，网目网点的大小和形状可能会发生变化，导致的结果是印刷图像整体变暗，即网点增大。这主要是由纸张的吸墨性和印刷机的速度引起的。网点增大的后果是印刷图像变得层次较暗和颜色加深，特别是中间调的增大效果最明显。

网点增大参数设置：铜版纸印刷通常取值 12% ～ 15%；胶版纸印刷通常取值 15% ～

20%；新闻纸印刷通常取值 20% ～ 25%。

（4）分色选项设置

分色选项主要用于设置黑版的生成方法和控制印刷油墨总量，包括分色类型、黑版产生、黑色油墨限制、油墨总量限制、底层颜色添加量等几个参数的设定。这些参数的设置会直接影响印刷品颜色的复制。

1）分色类型。"分色类型"选项用来设定黑版的生成方式，分为底色去除（under color removal，UCR）和灰成分替代（gray component replacement，GCR）两种类型，也是目前应用的两种主要分色工艺。UCR 是指在彩色图像的较暗部分减少复色中黄、洋红、青三原色油墨的量，同时相应地增加黑墨的量。GCR 是指以无彩色的黑版作为主要印版，将原稿中从亮调到暗调的颜色中三原色叠印的灰成分全部去除，用增加黑版墨量的方法补偿。GCR 改变了原图彩色结构的成分，因此，对 GCR 的程度和范围必须按照印刷适性的要求进行严格的控制。GCR 和 UCR 工艺的选择实质是黑版类型的选择。

分色类型通常设置为 GCR 模式，也是 Photoshop 默认的选项。

2）黑版产生。"黑版产生"选项专门用于 GCR 分色法，控制从哪个阶调开始进行黑色替代，并决定黑色替代曲线。黑色替代的阶调起点称为 GCR 起始点，黑色替代的范围是从起始点到暗调的最深处。替代方法、替代范围和用户自定义的方法如图 3-16 所示。

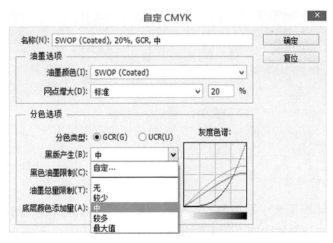

图 3-16　黑版产生选项

无——无黑色，产生 CMY 图像；较少——40% ～ 100% 黑替代，短调黑版；中——20% ～ 100% 黑替代，中调黑版；较多——10% ～ 100% 黑替代，长调黑版；最大值——全部进行黑替代，全调黑版

短调黑版适合复制以彩色为主的原稿，黑版主要起加强画面反差、加强中调至暗调的层次、稳定颜色和减少叠印率的作用，黑版只在中暗调部分作轮廓衬托。中调黑版是一般正常使用的黑版。长调黑版适合复制以非彩色为主、彩色为辅的原稿，这种黑版有较多的灰色成分，以黑墨为主，彩色调子很短。

Photoshop 软件中默认的选项是"中调黑版"。

3）黑色油墨限制。影响黑版生成曲线形状的另一个方面就是黑墨限制，它是暗调部分允许的最大黑墨量。黑版产生项用来建立黑色替代的阶调起始点，该项是用来设置暗调区域黑墨用量的极点。它决定了黑版产生时最黑处（100% 实地黑）是否使用 100% 黑墨来生成，或者最黑处使用 80% 的黑墨加上其他颜色以形成 100% 黑色效果。这个参数通常设置为 70%～90%。

4）油墨总量限制。油墨总量参数是印刷机能够印刷的 CMYK 油墨叠印总量，其值是由所用印刷机和承印物决定的。原则上，所用油墨越多，产生的图像越好，但过量的油墨会影响印刷工艺适性。印刷厂可根据本厂印刷机能够印刷的最大油墨量设定该参数。通常铜版纸胶印设置为 340%～360%，新闻纸设置为 260% 左右。

5）底层颜色添加量。底层颜色添加即底色增益（under color addition，UCA）。"底层颜色添加量"选项只适用于 GCR 分色模式。用大量的黑取代彩色，会影响阶调细节的丢失和暗调的显现。UCA 将恢复中性暗调区域的一些彩色成分，这种处理只需在中性色部分加入少量彩色。一般 UCA 的设置量不大，10% 左右即可（图 3-17）。

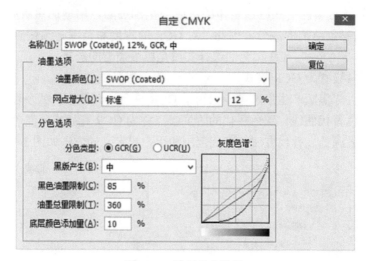

图 3-17　常用分色设置

三、原色与专色

1. 原色与专色的概念

原色与专色在印刷工艺中特指两种不同的印刷方式和印刷油墨，在平面设计软件中定义的原色与专色属性与后续印刷工艺中的分版、印刷相对应。

（1）原色

原色是指彩色胶印的青（C）、洋红（M）、黄（Y）、黑（K）四色及其组合而成的各种颜色。印刷时将数字设计稿分解成这 4 种颜色的分色版并进行网目调加网，然后分四色叠印。原色油墨具有透明性，仅用 4 种颜色便可以印刷出其色域范围内的所有颜色。

（2）专色

在印刷中专色是指预先混合好的特定彩色油墨，这种色彩往往是原色印刷无法实现的，如金属色、荧光色。

专色具有很强的覆盖性，大多采用实底印刷。理论上专色能够保证印刷中颜色的准确性。在印刷设计中一种专色对应一块印版。

2. 设计软件中常用的颜色库

设计软件中颜色色标资料以调色板的形式存在，供用户进行颜色选择。下面以 CorelDRAW

软件为例讲解。在 CorelDRAW 软件主窗口空白处右击可调出调色板菜单，能够选择预置的各种颜色库（图 3-18）。

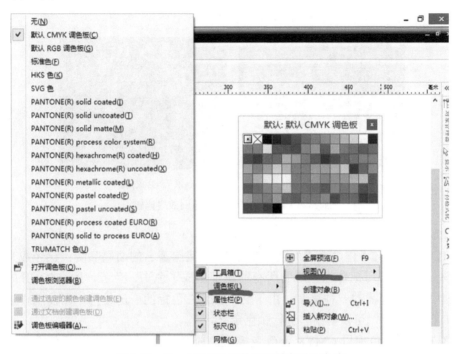

图 3-18　CorelDRAW 软件预置的各种颜色库

（1）CMYK 调色板

CorelDRAW 软件默认的调色板是 CMYK 调色板（图 3-19），它是针对印刷设计的原色调色板。如果做印刷设计，切记，RGB 调色板不要打开。

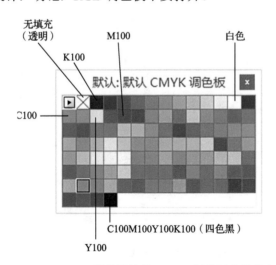

图 3-19　CorelDRAW 软件默认的 CMYK 调色板中的基本颜色

CMYK 调色板上的基本颜色：①无填充，可理解成透明色；②白色，使用白色填充表示无油墨、对背景色遮挡；③单色黑 K100 与四色黑 C100M100Y100K100。

单色黑和四色黑的外观都是黑色，但是其作用差别很大。单色黑一般用于文字、线条的填充。单色黑印刷的颜色略灰，在设计中需要大面积的黑底色填充时，要想使黑色印得饱满，就要填充C30K100（图3-20）。四色黑在印刷中用于填充套版标记，严禁用于图形及文字填充。

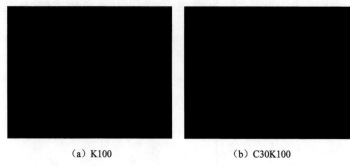

(a) K100   (b) C30K100

图3-20 不同的黑色填充印刷效果比较

（2）PANTONE色库

PANTONE（中文译作"潘通"或"彩通"）是美国著名的油墨品牌，已经成为印刷颜色的一个标准。该公司把自己生产的所有油墨都做成了色谱、色标，PANTONE的色标因而成为公认的颜色交流的一种语言。由于PANTONE色标的广泛使用，印前制作设计软件都有PANTONE色库，可以使用它进行颜色定义。

PANTONE原色色库以CMYK为颜色模型，前2000个颜色由2种原色组成，其他原色则由3种或4种原色组成。

PANTONE原色色库比CorelDRAW默认的CMYK调色板色彩更丰富，做印刷设计时可以大胆使用（图3-21）。

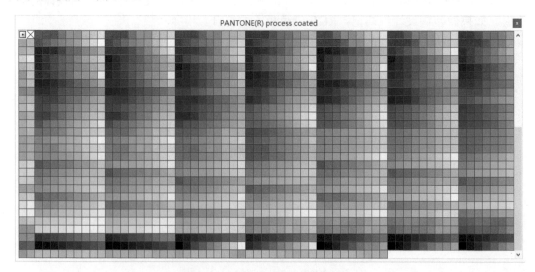

图3-21 PANTONE原色色库之一

PANTONE专色色库的特点是颜色空间不以CMYK为基础，而以色度空间来定义每个色标。大部分颜色无法用四色油墨再现，需用专门调制的油墨做专版印刷（图3-22）。

🌢 小贴示

PANTONE专色色库虽然色彩丰富，但是做印刷设计时应慎用。

3．专色和原色在印刷设计中的注意事项

印刷设计稿中如果有使用专色填充的图形，在输出时，每种专色会生成一块印版。因此，在印刷稿件设计时，若大量使用专色填充，会造成麻烦。

在设计时大量使用专色填充着色，在输出前将专色转换成原色也是不可取的方法。专色色域比原色宽，很多专色超出了原色的表现范围，转换后颜色无法完全保真，会与设计稿有很大色差。

设计稿专色检查的步骤：执行"工具"→"颜色样式"命令，打开"颜色样式"对话框，查看稿件中使用的颜色，专色的左下角会有一个白色小方块（图3-23）。

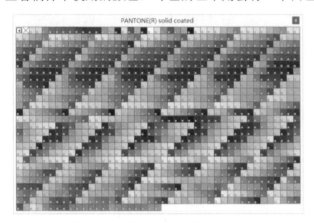

图3-22　PANTONE 专色色库之一

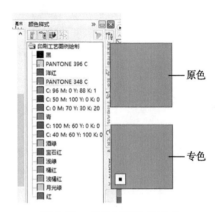

图3-23　专色与原色的区分

4．印刷色的选择

（1）金属色的印刷

复杂的设计，常需要由专色和四色共同完成。一般来讲，六色（包括任何亮色涂布）是四色和专色印刷的极限。

金属色印刷是指用金、银墨印刷。与普通的彩色油墨相比，金、银墨具有闪光的金属光泽。由于金色和银色不能由 CMYK 原色实现，在设计中有金属色的稿件需要在四色版之外再加一块印版［即四色加专色（金、银色）五色印刷］，专色版放在最后一色印（图3-24）。

在用计算机进行设计时，定义金属色颜色类型为专色并设置成压印。金属色不透明，具有覆盖性。金属色除了常用金、银色外，还有其他色调。

（2）单色与双色的印刷

印刷成本与印版数量相关，选择专色、四色印刷取决于资金情况。每增加一色，印刷成本就会增加。采用专色印刷很多时候是降低印刷成本的选择。印刷设计中采用双色印刷，即可以由两个专色版完成（图3-25）。单色印刷并不单指黑白色，可以是任何一个调制的彩色专色（图3-26）。

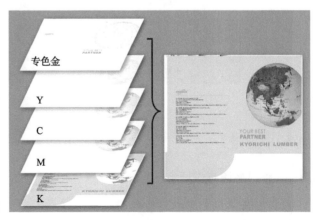

图3-24　封套设计（CMYK+ 专色金）

（a）四色印刷　　　　　　　　　　　　　　（b）双色印刷

图 3-25　四色印刷与双色印刷比较

图 3-26　单色印刷（一个专色版）

四、印刷色谱

1. 印刷色谱的作用

印刷色谱又称为印刷网纹色谱，是用标准的黄、洋红、青、黑四色油墨按照不同的网点面积率叠印成各种色彩的色块总和，并按照一定的规律编排印刷成册，供印刷设计生产的各个环节使用（图 3-27）。

图 3-27　印刷色谱

　　色谱以其直观性和实用性成为印刷行业最常用的颜色表示方法，有利于保证颜色传递的准确性。在印刷过程中，彩色图像复制通常是由三原色油墨外加黑色油墨以大小不等的网点套印而成。在这个印刷过程中，印刷色谱对印前设计、制版、打样、调墨、印刷等各个工序都起着很大的参考和指导作用。

　　从理论上讲，印刷色谱只能用于纸张、油墨、制版工艺、印刷工艺条件完全一样的复制过程。由于印刷的各种相关条件等存在许多可变的因素，如纸张不同，同样的颜色值印出的色块会有偏差。一般色谱的使用说明部分会详细介绍该色谱的制作、印刷条件、使用的材料、主要技术参数、基本数据等（表 3-2）。

表 3-2　印刷色谱通常标注的印刷技术参数

项目	说明
使用的油墨	标注使用的油墨品牌
四色油墨印刷顺序	K（黑）→ C（青）→ M（洋红）→ Y（黄）
三色油墨与金、银专色油墨叠印印刷顺序	红金、青金、银 → C → M → Y
印刷机	（标注印刷机品牌）对开四色印刷机
版材	（标注品牌）PS 版或 CTP 版
用纸	（标注纸张品牌）157g/m² 双面铜版纸
橡皮布	标注品牌
印刷速度	10 000 张 /h
加网线数	200 线，圆方点阵网屏
加网角度	M—45°，C—15°，Y—0°、90°，K—75°，青金—75°，红金—75°，银—75°
色谱密度	Y—1.35，M—1.45，C—1.50，K—1.80，青金、红金、银—1.05
色谱网点误差	Y，M，C，K，青金，红金，银……±2%（阳图菲林）

2．印刷色谱的构成

各种版本的色谱都包含以下 4 个部分：单色、双色（图 3-28）、三色（图 3-29）、四色。由于条件、使用对象的不同，其组成、色块的排列方式和色块数目也有一定的差别。

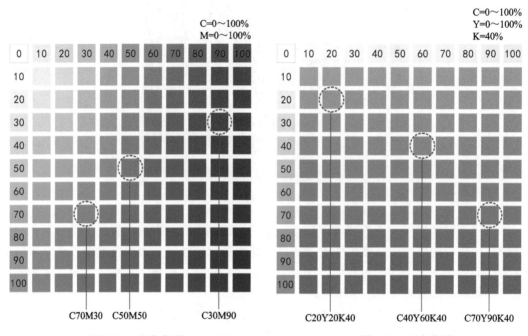

图 3-28　双色色谱　　　　　　　　图 3-29　三色色谱

每页色谱，从左向右，每行的颜色值依次是绝网、一成网点、两成网点、三成网点……实底；从上到下，每列的颜色值依次是绝网、一成网点、两成网点、三成网点……实底。

色谱上方标注的颜色信息说明定组的色值构成变化。例如，图 3-29 右上方的一组数字信息表示：在这一页中，黑是恒值——四成网点，青和黄是变量。

第三节　图像的调整与校色

图像的调整与校色在印前处理中十分重要，多用 Photoshop 软件进行，主要是对图像原稿层次、颜色、清晰度进行综合控制，以此调整图像的阶调范围与品质，纠正色偏，改善图像的层次和清晰度，达到最好的彩色印刷效果。对图像的调整应当先做层次调整，再做颜色校正。

印前设计中对图像原稿的处理主要是常规调整与校色，以及图像原稿的艺术处理。这要求相关人员具备必要的印刷常识和经验，熟悉 Photoshop 软件的相应工具命令，并结合自己的素描知识、色彩知识进行处理。这是利用知识进行主观判断的过程。

一、修图

修图是图像调整的基础工作，对图像原稿缺陷的判断与修正可从以下几个角度入手。

1）构图，也就是重新裁切。

2）原稿的杂点、划痕等的修整。修图时一般使用 Photoshop 软件中的仿制图章等工具，具体如修掉地面的烟头、人物面部的雀斑、拍摄时间标注、电线等（图 3-30）。

（a）照片前面的电缆线影响画面要修掉　　　　　（b）修整后的图像

图 3-30　修图示例

3）P图。对于重要图像的局部缺陷，可以利用另一张相似的图像来局部修补（图 3-31）。

4）抠图。出于版式设计需要，可以把人物、产品、景物等从杂乱的背景中分离出来。

（a）原图

（b）天空素材　　　　　　　　　　　　　（c）合成效果

图 3-31　对图像中不理想的天空的替换

二、Photoshop 软件中的图像层次调整工具

Photoshop 软件提供了完善的色彩和色调调整功能，利用 Photoshop 软件可以有效控制图像的色彩和色调，快速实现整体色彩的快速调整、图像色调的精细调整及特殊效果的创意。

在 Photoshop 软件中利用"图像"→"调整"命令可以进行层次和色彩调整操作，快捷方便地控制图像的颜色和色调（图 3-32）。

阶调和层次都可以表述为图像的颜色明暗或深浅变化。阶调是指图像明暗或颜色深浅变化的视觉表现。层次是指图像上从最亮到最暗部分的密度等级，它是组成阶调的基本单元。

印刷中层次的定义是图像的颜色明暗或深浅分级，一般侧重说明明暗级别之间的差别。

标准图像应有高光、中间调、暗调，并平均分布。层次调整是针对不同反差的原稿做的级差增大（拉开层次）或级差减小（压缩层次）的操作（图3-33）。

图 3-32　"图像"→"调整"子菜单

对图像原稿阶调层次的调整必须注意图像的内容，不要随便将图像的阶调范围扩展。并非每张图像原稿都需要"大幅度"调整，调整的结果有可能引起亮调或者暗调层次的损失，或者破坏图像的主题。

阶调层次的调整主要通过执行"色阶""曲线""亮度／对比度"等命令完成。

1."色阶"命令

"色阶"显示一幅图像的高光、暗调和中间调分布情况，并能对其进行调整。当一幅图像的明暗效果过黑或过白时，可通过执行"色阶"命令来调整图像中各个通道的明暗程度。"色阶"命令可以通过调整图像的暗调、中间调和高光等强度级别，校正图像的色调范围和色彩平衡（图3-34）。

（a）反差过小

（b）反差适中

（c）反差过大

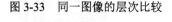

图 3-33　同一图像的层次比较

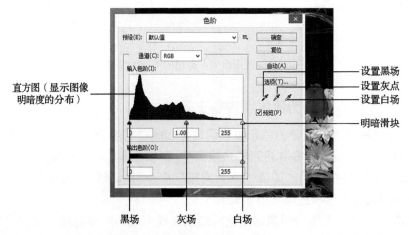

图 3-34　色阶显示的图像明暗信息

直方图是由图像阶调组成的柱状图表，从白到黑的所有阶调通过沿着直方图底部的阶调灰级轴依次显示，在哪一个阶调上面的条柱越高，图像中该阶调的像素就越多。亮色调图像的细节集中在高光处，在直方图右边部分显示（图 3-35）；中间色调则在直方图的中间部分显示（图 3-36）；暗色调图像的细节集中在暗调处，在直方图的左边部分显示（图 3-37）。

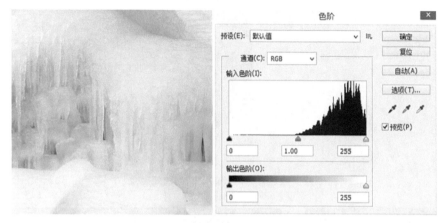

图 3-35　亮色调图像与直方图分布情况

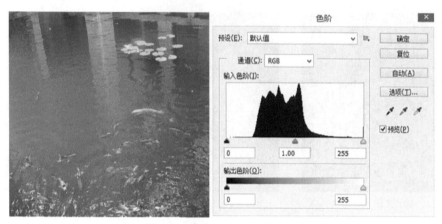

图 3-36　中间色调图像与直方图分布情况

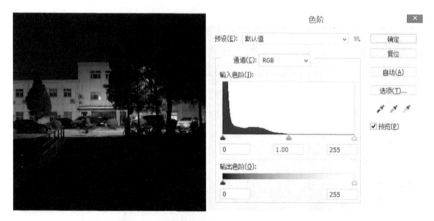

图 3-37　暗色调图像与直方图分布情况

当图像偏亮或偏暗时，可执行"色阶"命令对其进行调整。具体可以根据"色阶"对话框中提供的直方图观察有关色调和颜色在图中如何分配的相关信息，通过滑动直方图下方的调整图像明暗极点和中间调的三角形调整按钮，实现对图像的调整（图 3-38 和图 3-39）。

（a）原图　　　　　　　　　　　　　　　（b）调整后的效果

图 3-38　通过直方图增加中间调的细节层次

（a）原图　　　　　　　　　　　　　　　（b）调整后的效果

图 3-39　通过直方图调出亮调的细节层次

2."曲线"命令

"曲线"命令是一个常用的色调调整命令。执行"曲线"命令可以对图像的明暗、对比度和层次进行综合调整，大多数图像处理工作可以通过执行此命令完成（图 3-40）。

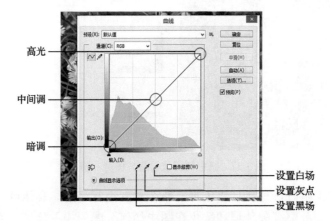

图 3-40　"曲线"对话框

伽马（Gamma）曲线方式是使用曲线上的控制点来控制按照指数规律变化的曲线，其特点是过渡平滑，符合对印刷图像的一般处理要求。在印前处理中，一般使用 Gamma 曲线方式调整复合颜色通道或针对单独通道进行调整（图 3-41）。

（a）原图 （b）调整后的效果

图 3-41 执行"曲线"命令对图像层次的快速调整

3．黑白场定标与吸管工具

（1）黑白场定标

白场和黑场分别是一幅图像上最亮和最暗的色调值。图像的输出类型决定了应该如何设置图像的黑白场。非印刷类型的电子出版，图像的层次范围应该包括从黑到白的整个色调范围，也就是将最亮的点（白场）设置成 255（或 0），将最暗的点（黑场）设置成 0（或100%）。对于印刷使用的图像而言，图像的层次不能为全色调范围（0～255 或 0～100%），一般要求将图像中的层次压缩到小于全色调的范围后再进行输出。

黑白场定标属于与印刷适性相关的层次校正，一般情况是在印刷图像的高亮区域存在网点丢失问题，即数字图像上存在的 3%～5% 的网点是印不出来的；在数字图像的 90%左右的暗调区域会被印成 100% 的黑色。如果不对印刷用图像进行层次压缩，高亮处和暗调细节会丢失，影响图像复制的品质。黑白场定标就是将数字图像 0 的白色压缩到 5% 的灰白色上，而将 100% 的黑色压缩到 90% 的暗灰色上。

吸管工具位于"色阶"和"曲线"面板上，主要用于黑白场设置。黑白场的颜色值一般使用 CMYK 颜色值设置，白场常规使用的 CMYK 值是 5、3、3、0，灰度等量值为 4%的点；暗场常规使用的 CMYK 值是 65、53、51、95，灰度等量值为 96% 的点。

操作方法是在白色或黑色吸管上双击，然后在弹出的"拾色器"对话框中输入数值设置白场或黑场值。设置黑白场值后，单击吸管按钮，将鼠标指针移到图像窗口中，鼠标指针变成相应的吸管形状，在高光极点处或暗调区域的适当位置单击吸管按钮完成设置（图 3-42 和图 3-43）。

黑白场的设置是压缩层次的过程，其目的是补偿印刷适性对再现图像层次的影响。相反，如果数字图像的层次被局限在某一个范围之内，如拍摄的原稿曝光过度或曝光不足，可以通过黑白吸管校正。

（2）吸管工具的应用举例

1）曝光不足的校正。曝光不足的图像主体部分偏暗、偏深，层次压缩在暗调范围没有展开，亮调层次少，中暗调层次丰富而级差平软，无法较好地表现画面中主要物体的效果。校正方法：利用高光吸管工具选择图像中相对较亮的灰调高光部分重新设置高光极点，从而将图像的层次扩展到整个色调范围，图像亮度被整体按照线性关系提升，昏暗中的细节明显起来（图3-44）。

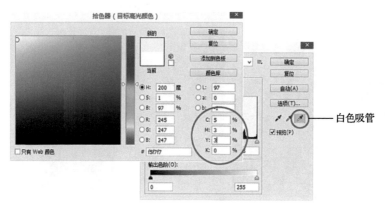

白色吸管

图3-42　白场设置值

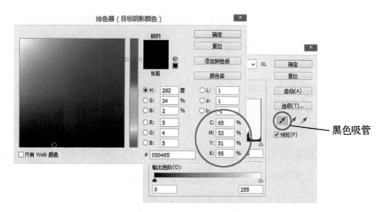

黑色吸管

图3-43　黑场设置值

（a）原图

（b）校正后的图像

图3-44　曝光不足图像校正

2）曝光过度的校正。曝光过度的图像整体偏亮，层次主要集中在亮调部分，而暗调部分过亮，牺牲了部分层次空间。校正方法是使用暗调吸管工具在合适的图像暗处单击，将它映射到更暗处，从而拉开图像的层次，增强图像对比度。关键是正确判断图像的最暗处，图3-45中最暗处不在后方树木上，而在头发的背光处。

|　　　（a）原图　　　|　　　（b）校正后的图像　　　|

图 3-45　曝光过度图像校正

4."亮度/对比度"命令

"亮度/对比度"命令可以调整图像的亮度和对比度，该命令只能对图像进行整体调整，而不能对单个通道进行调整。该调整命令快速、简单，但在调整的过程中，会损失图像中的一些颜色细节。

三、Photoshop 软件中的色彩修正与创意工具

色彩修正是在层次调整的基础上进行的，主要是纠正色偏、调整饱和度、修正局部图像色彩、对严重色彩缺陷图像的色彩弥补等。

进行色彩修正，首先要清楚确定客户对颜色的要求。色彩修正一般选择单色通道进行，而不像层次修正那样选择复合通道，执行"色阶"和"曲线"命令同样可以通过单独的颜色通道修正色彩。

1.执行"色阶"命令纠正图像色偏

先分析图像偏什么色（红、绿、蓝、青、洋红、黄），执行"色阶"命令，选择单色通道，通过调整灰平衡的方式完成校色（图 3-46）。

|　　（a）存在色偏缺陷的原图　　|　　（b）校正后的图像　　|

图 3-46　执行"色阶"命令纠正图像色偏

微课：图像原稿的调整（二）

2．执行"色彩平衡"命令纠正图像色偏

"色彩平衡"命令是纠正图像色偏的重要工具，只作用于复合颜色通道。若图像有明显的偏色可用此命令纠正，它是靠调整某一个区域中互补色的多少来修正图像颜色的，此命令使图像的整体色彩趋向所需色调（图 3-47）。

（a）存在色偏缺陷的原图　　　　　　　　（b）校正后的图像

图 3-47　执行"色彩平衡"命令纠正色偏

3．"色相/饱和度"命令对图像色彩的影响

执行"色相/饱和度"命令，不仅可以调整整个图像中颜色的色相、饱和度和亮度，还可以针对图像中某一种颜色成分进行调整；不仅可以方便地改变图像的色调、改变局部颜色、降低或提高图像的饱和度，还可以对灰度图像进行着色（图 3-48 和图 3-49）。它是印前图像处理中常用的色彩校正工具，更适合有绘画经验的人使用。

4．执行"变化"命令调整图像的色彩平衡、饱和度和对比度

执行"变化"命令，通过效果缩览图，可以很直观、方便地调整图像的色彩平衡、饱和度和对比度（图 3-50）。

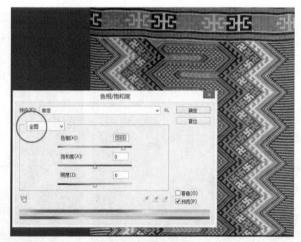

（a）原图　　　　　　　　　　　　　　（b）改变色调效果

图 3-48　执行"色相/饱和度"命令改变原图的色调

（a）原图　　　　　　　　　　　　　　　　（b）改变花朵颜色

图 3-49　执行"色相 / 饱和度"命令改变局部颜色

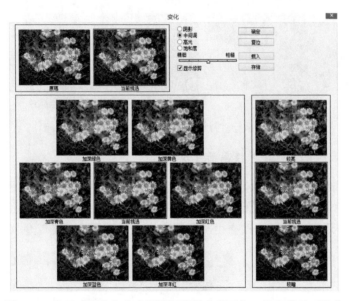

图 3-50　执行"变化"命令调整图像的色彩平衡、饱和度及对比度

5．执行"反相"命令对图像进行色彩创意处理

执行"反相"命令可以实现图像的颜色色相反转，如同照相机胶卷照出的彩色负片效果，它是对图像原稿做艺术处理的方式（图 3-51）。

（a）原图　　　　　　　　　　　　　　　　（b）反相效果

图 3-51　执行"反相"命令处理效果如同彩色负片

6. 执行"替换颜色"命令改变图像局部色彩

"替换颜色"命令允许先选定图像中的某种颜色，然后改变它的色相、饱和度和亮度值（图 3-52）。此命令针对图像原稿的局部色彩调整非常方便。

（a）原图　　　　　　　　　　　　　（b）替换颜色

图 3-52　执行"替换颜色"命令改变局部颜色色相

7. 执行"匹配颜色"命令转换画面色调

"匹配颜色"命令用于匹配不同图像之间、多个图层之间或者多个颜色选区之间的颜色，即将源图像的颜色匹配到目标图像上，使目标图像虽然保持原来的画面，却有与源图像相似的色调。该命令还可以通过更改亮度和色彩范围来调整图像中的颜色（图 3-53）。

（a）原图　　　　　　　　　　　　　（b）转换画面色调

图 3-53　执行"匹配颜色"命令转换画面色调

8. 执行"渐变映射"命令对图像进行色彩创意处理

执行"渐变映射"命令可以应用渐变重新调整图像，应用于原始图像的灰度细节，加入所选的颜色。"渐变映射"是 Photoshop 软件色彩调整命令中非常特别的一个，应用得当可以得到非常好的艺术处理效果（图 3-54）。

（a）原图　　　　　　　　　　　　　　（b）变换效果 1

（c）变换效果 2　　　　　　　　　　　　（d）变换效果 3

图 3-54　执行"渐变映射"命令能使图像出现更多奇妙的变化

四、图像清晰度调整

1. 锐化

清晰度是衡量印刷复制图像品质的标准之一。Photoshop 软件调整清晰度是通过"锐化"命令实现的（图 3-55）。

图像清晰度调整主要通过"智能锐化"和"USM 锐化"命令实现。"智能锐化"的高级选项包含 3 个选项卡（锐化、阴影、高光），可以针对图像的不同阶调范围设置锐化（图 3-56）。

USM 的含义是虚光蒙版，功能是对图像细微层次的强调（图 3-57）。图 3-57 中各项目的含义如下：

图 3-55　"锐化"菜单

图 3-56　"智能锐化"对话框

图 3-57　"USM 锐化"对话框

1）数量，表示清晰度强调的程度。USM 的最终结果是增加图像边界或细节处相邻像素之间亮度的差额。调节取值范围为 0 ～ 500%，取值越大，清晰度越高。

2）半径，表示清晰强度的作用范围，半径值越大，清晰度越高。

3）阈值，表示当相邻两像素的灰度值大于阈值时，USM 才起作用，否则保持不变。阈值取值范围为 0 ～ 255。阈值越大，USM 作用越不明显；阈值越小，USM 作用范围越大，对图像清晰度强调作用越大。

2．清晰度调整原则

并非每个图像原稿都需要做清晰度的调整，应根据不同的原稿质量判断。

进行清晰度调整时，各项取值大小应逐步观察，尝试调整。基本原则是适度，相对于原稿的质量，清晰度是一个相对的概念，如果调整尺度过大，图像会产生镶边或难看的转色变化，即图像失真（图 3-58）。

进行清晰度调整时，一要看图像的边缘变化，二要看图像中有均匀颜色的部分，这部分不能出现杂色。为了将清晰度调整得更恰当，可以分通道调节，针对原稿进行分析，分别对每个色版进行不同数值的锐化。

（a）原稿　　　　　　　　（b）适当锐化的效果　　　　　（c）锐化过度的效果

图 3-58　原图与不同的锐化强度比较

五、印刷品原稿去网

在印前设计中，会接触到少量印刷品原稿（图 3-59）。印刷品原稿的特点是图像中已经存在有规律的四色网点，经扫描转化成数字原稿后使用，扫描仪越专业网点越清晰。

印刷品原稿在设计中须慎用。印刷品原稿不能放大使用，放大会使第一次印刷的网点更加明显，可缩小一半使用，同时必须做去网处理。

印刷品原稿的去网方式有两种：一是在扫描时做去网处理。专业的扫描设备都具备去网功能，可以自动去除原稿的四色

图 3-59　印刷品原稿

网点。扫描去网应先确定印刷品原稿的加网线数，才能达到较好的效果。二是用 Photoshop 软件做后期去网处理。去网处理本质上讲是对印刷品网点的模糊处理，去网必然会使图像的清晰度降低和细微层次损失。因此，去网设置是在消除网点和保持清晰度之间的平衡。

Photoshop 后期去网一般通过执行"滤镜"→"杂色"命令进行（图 3-60）。

图 3-60 中部分选项的含义介绍如下：

1）蒙尘与划痕：通过模糊一个给定半径范围的像素点来去除图像中的杂点，能处理较大的杂点和网点（图 3-61）。

2）去斑：能使像素点周围产生模糊，主要用于去除图像中杂点或扫描的印刷品中较小的网点。

3）中间值：用一个区域内的平均明度值取代区域中心的明度值。

在去网过程中应尽可能利用四色加网特性。四色油墨有主次之分，主色网点明显，弱色网点不易分辨，而一幅图像中，青、洋红、黄、黑往往是不等比存在的，也有主次之分，所以，去网时将青、洋红、黄、黑在通道面板中单独用不同的参数处理，效果会更好。对于主色网点明显的色版，模糊程度可加重一些；对于弱色版，则可以少做或不做模糊，以求得去网与保持清晰度的最佳平衡（图 3-62）。

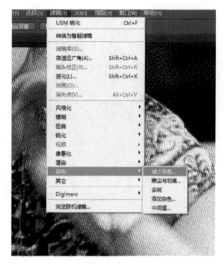

图 3-60　"滤镜"→"杂色"命令

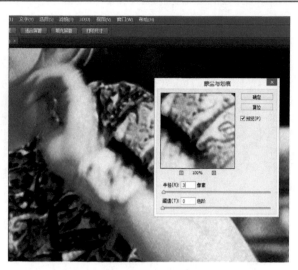

图 3-61　去网设置

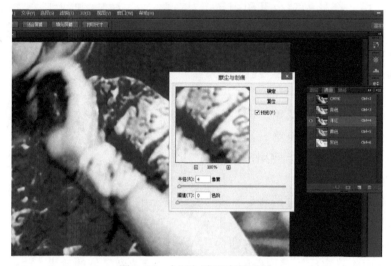

图 3-62　去网与清晰度的平衡

第四节　文　本　设　置

　　文字在印刷设计中起到信息传播的关键作用,是印刷品的信息主体。从版式设计角度讲,印刷设计涉及字体的选择、字号大小、字距、行距等。本节主要从印刷工艺要求角度讲解文字在设计中的处理。

一、文本编排

1. 字体

　　设计使用的字库主要有方正字库、汉仪字库、文鼎字库、经典字库、汉鼎字库等。熟悉各种字体的笔画"造型"特征及其传递的"情感"因素,是根据设计风格恰当选择使用字体的基础。

2. 软件的选择

输入文本一般使用文字处理软件 Word 或 WPS。文本的编排按照版式设计的规划，主要在矢量软件或组版软件中完成。

Photoshop 是处理像素图像用的，不是专业的排版软件，不宜用其排整段的文本和一小段文本，否则易出现锯齿边缘。

3. 定义文字的属性

在矢量软件 CorelDRAW 中文本的输入（导入）分为"美术字"和"段落文本"两种文字属性。按照"美术字"定义的文字适用于标题，可以像图形一样做多种艺术特效处理；"段落文本"针对整段的文本，适合整体段落格式的统一编排（图 3-63）。段落文本内容如果以"美术字"定义，会给编辑带来诸多不便。

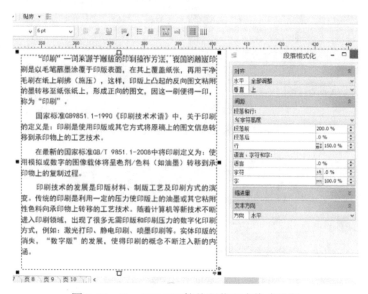

图 3-63　CorelDRAW 软件段落文本格式设置

4. 字号大小

关于字号问题，很多初学者对实际打印出的文字大小不敏感，只是看文本多少和版面空白多少，把文字撑满版面，打印出的实际尺寸往往过大或过小。解决办法是使用习惯的软件，按照不同字号大小排列在 A4 纸上，打印后记住字号和输出大小的关系。

二、文字的颜色

1. 标题文字与段落文本的颜色设置

彩色文字只适合标题，一小段文本通常用黑色（K100）填充，因为笔画细小，彩色很难套印准确。

2. 文字与背景色的关系

从颜色的组合效果看，将彩色文本置入彩色背景时有很多危险，设计彩色文字时应注意与背景（底色或图像）的关系，以方便阅读为前提。

1）在深色背景上段落文本可以做反白处理，同时要注意不是所有的字体都适合反白。例如宋体字，若字号过小，则横笔画极细，难以套印，因此不适合反白。

2）在浅色彩色背景上，段落文本以压印黑色（K100）为宜。

3）段落下面一般不衬图像背景，密集的文字与花乱的背景叠在一起影响阅读（图 3-64）。

4）段落文本处于花乱背景之上的正确处理方法是在两者之间加色块隔离（图 3-65）。

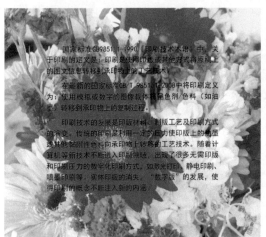

图 3-64　段落文本与图像背景组合影响阅读

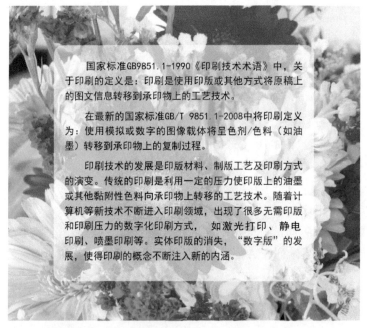

图 3-65　段落文本与图像背景组合的正确处理方式

5）画册中标题文字多会做彩色处理，此时同样要慎重考虑文字与背景色的关系。通常遵循以下原则：文字和背景颜色的对比度越大越好；避免共鸣的颜色并置；给文字加边框进行调和（图 3-66 和图 3-67）。

<table>
<tr><td>图 3-66　避免共鸣色</td><td>图 3-67　标题字衬图像背景的处理</td></tr>
</table>

三、与印刷相关的文本处理

1. 不做跨页文字设计

跨页设计的文字，易出现装订错位的问题（图 3-68），印前设计须注意。

图 3-68　跨页文字易出现装订后错位

2. 文本转曲线

在发排前，一定要将文字全部转换成曲线，避免出现跑字、字体替换等问题。

个别字体，由于造字方法的原因，在字体属性下看不出问题，但转曲线后，会出现空心交叉现象，要特别注意。

自测题

一、单选题

1. 色光三原色是指（　　）。
    A. 红、黄、蓝　　 B. 黄、洋红、青　 C. 红、绿、蓝　　　 D. 红、绿、紫

2. Photoshop 软件专有的图像存储格式是（　　）。
    A. TIFF　　　　　 B. EPS　　　　　 C. PSD　　　　　　 D. JPEG

3. 下列软件中，不属于矢量图形软件的是（　　）。
    A. Photoshop　　　 B. CorelDRAW　　 C. Freehand　　　　 D. Illustrator

4. 下列颜色空间色域最广的是（　　）。
    A. HSB　　　　　 B. RGB　　　　　 C. CMYK　　　　　 D. Lab

5. 在 CorelDRAW 软件中，可以通过执行（　　）命令将矢量图形转换成像素图像。
    A. "保存"　　　　 B. "栅格化"　　　 C. "置入"　　　　　 D. "导出"

6. 相同尺寸的图像，决定图像细节层次清晰度的是图像的（　　）。
    A. 颜色模式　　　 B. 阶调层次　　　 C. 存储格式　　　　 D. 分辨率

7. 将一幅分辨率为 300ppi、RGB 颜色模式的图像转换成位图模式的操作过程是（　　）。
    A. 图像—模式—位图—设置位图选项对话框
    B. 图像—模式—灰度—位图—设置位图选项对话框
    C. 图像—模式—CMYK 颜色—位图—设置位图选项对话框
    D. 图像—模式—索引颜色—位图—设置位图选项对话框

8. 以下印刷色彩视觉效果为黑色的是（　　）。
    A. C100M100Y100　　　　　　　　 B. C100Y80K20
    C. C60M100Y80K60　　　　　　　　 D. C30K100

9. 支持宽度或高度最大为 300 000 像素的大型文档存储格式是（　　）。
    A. GIF　　　　　 B. PSB　　　　　 C. JPG　　　　　　 D. GIF

10. 印刷品原稿去网处理，应选择执行的命令是（　　）。
    A. "色调均化"　　 B. "USM 锐化"　 C. "蒙尘与划痕"　　 D. "彩色半调"

二、填空题

1. CMYK 模式属于颜料混合模式，符合_____原理。

2. _____是组成图像的基本元素。

3. 存储图像文件时，_____格式支持无损压缩。

4. 生成黑版的分色工艺主要有_____和_____两种。

5. 图像阶调层次的调整可以通过_____和_____的调整来完成。

6. 将计算机中使用的 RGB 颜色模式转换成印刷使用的_____颜色模式称为分色。

7. 衡量图像复制的三大指标是_____、颜色和清晰度。

8．_____格式属于有损压缩格式。

9．矢量软件 CorelDRAW 软件的文件存储格式是_____；Illustrator 软件的文件存储格式是_____。

10．印刷品原稿去网处理，可以在扫描过程进行，也可以通过_____做后期去网处理。

三、简答题

1．什么是印刷色？

2．什么是图像分辨率？为什么强调它？

3．什么是 PANTONE 色库？

4．当图像由 RGB 模式转到 CMYK 模式时，能看到屏幕上有些颜色会产生明显的变化，这是什么原因？

5．设计用图像的色彩模式以什么模式较好？

6．CorelDRAW 软件中文本有几种类型？

7．金色、银色是如何印刷的？印前设计有什么要求？

8．彩色图转换为灰度图像的方法有哪些？

9．GCR 工艺生成黑版的类型有哪些？分别针对哪些类型的图像原稿？

自测题答案

第四章
印前制作（二）——商业
印刷品设计与拼大版

■■ 学习目标

学会散页、折页、画册设计的印刷工艺规划与数字完稿制作，掌握拼大版的原理方法。

■■ 学习要点

1）商业印刷品工艺规划。

2）彩页、折页开本尺寸选择。

3）骑马订、锁线胶订画册的基本工艺规范。

4）印刷打样方式。

5）印刷大版的版面结构。

6）拼版方式。

7）模拟折手的方法。

第一节　商业印刷品设计

一、商业印刷品的概念

商业印刷品是指用于企业行销宣传的印刷品，是通过印刷方式实现的信息载体，其目的是传递商品或服务信息。印刷成品按照形式主要分为散页、折页、画册等。在《印刷业管理条例》中这类印刷品被定义为广告宣传品。印刷品的实现方式是在规定开本版面上将图片、文字进行排列组合，兼顾信息记录和审美功能，通过印刷技术实现"复数性"，用于散发传播。商业印刷品（图4-1）的传播方式有邮寄、定点派发、专人送达、选择性派送、场所展阅等。近些年来，由于网络及移动终端的普及，数字媒体作为企业行销宣传的方式有其独特的优势,印刷品作为企业宣传的媒介有式微的趋势。

图 4-1　随处可见的商业印刷品

二、商业印刷品的设计流程

1．前期准备阶段

通过沟通了解客户的设计要求,如需要什么性质、形式的印刷品,是企业形象、产品画册还是单页、折页等,开本大小及采用什么纸张,期望的设计风格等;分析各种资料原稿,包括企业的产品及企业标识、字体、标准色等一整套设计原稿资料。根据这些确定印刷宣传品的印刷工艺、设计格调等的方案策划。

印刷工艺规划包括成品形式、开本、纸张、面数、印量、后工项目等内容,以及采用四色印刷还是四色加专色印刷,或是为节约印刷成本采用单色、双色印刷,以及单面与双面印刷。

2．版式设计规划草图

通过分析原稿及与客户沟通,确定开本、印刷工艺规划、印刷数量等,完成版式设计草图。

3．制作完成数字设计稿

由印前设计人员根据版式设计草图及印刷工艺策划方案,使用矢量软件或排版软件制作数字设计稿,经校稿修改确定设计终稿后准备印刷。

三、彩页与折页

彩页与折页属于单张结构印刷品，彩页按照成品尺寸裁切后即完成，折页裁切后按照一定方式折叠成成品，不像画册那样需要复杂的装订工序。

1. 彩页

宣传彩页（单页）是常见的商业印刷品，以 16 开及其以下开本的为多，正反面印刷，适合主题内容单纯的宣传设计（图 4-2）。按照需要保存的时间长短、印刷成本及派发量，彩页可以选择四色印刷、双色印刷和单色印刷。4 开以上的多为招贴形式设计，四色单面印刷，适合张贴。

图 4-2　16 开宣传彩页

2. 折页

（1）折页的类型

折页类印刷产品也属于单张结构，将印张按照顺序折叠成成品尺寸的印件类型。常规的折页按折的次数分类，有对折、三折、四折、五折以上的多折页形式。一般按照折式方法命名，通常有属于平行折法的对折、荷包折、风琴折、关门折等，以及属于混合折法的十字折、地图折等（图 4-3）。折页存在折页方法相同但名称叫法不同的情况。

对折是非常简单及常见的折叠方法，单张纸对折一次成正反 4 个面。荷包折包含 3 个或更多的页面，依次向内折，所以页面宽度必须逐渐缩小以便于折叠平整。风琴折是折页法中种类最多的，它的形状像"之"字形，这种折法应用广泛。在印刷机和折页机允许的情况下，风琴折的折页数不限。关门折一般是对称的，折叠方法是将两个或更多的页面从相反的面向中心折。十字折的折叠方法是先左右对折再垂直对折，对开可见十字折线。地图折与风琴折类似，由几个风琴折组成，展开时是一张大的连续页面，同时还要再对折、三折或四折，该种折页法受限于较薄、低克重的纸张。

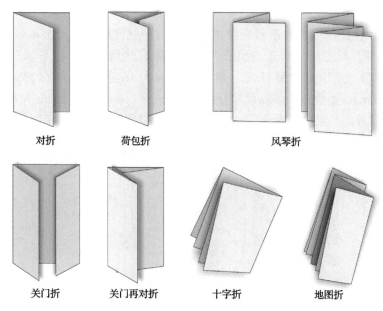

对折　　　　荷包折　　　　　　　风琴折

关门折　　关门再对折　　　十字折　　　　地图折

图 4-3　折页折法基本样式

　　异形折页是在常规折页方式的基础上，通过对承担"封面"功能的那个折面的边缘做异形设计或开孔的方式，突破正常折页的"老套"，求得新奇变化的折页设计。异形折页的外形变化没有固定的方法，往往是根据折页图文内容设计变化，追求新奇夺目的效果。异形折页需要制作刀版，用模切压痕工艺完成成品制作（图 4-4）。

　　设计时应根据内容多少确定折页的开本和折数，根据创意与需要确定折法和是否异形折，通过特殊工艺处理让折页更具韵味。

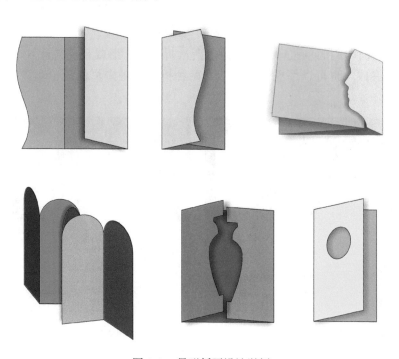

图 4-4　异形折页设计举例

（2）折页的尺寸设计与长宽比例

折页的尺寸设计以不浪费纸张为前提，因此有一些常规尺寸（图4-5）的限制，多数尺寸是按照常规开纸方法（两开法和三开法）开纸，然后折叠。以下以三折页的尺寸设计为例进行说明。三折页的展开尺寸最常用的是大16开（210mm×285mm）和大8开（285mm×420mm），折叠后的成品尺寸分别是95mm×210mm和140mm×285mm。这两个尺寸比较适合携带，长宽比例也合适，关键是符合开纸规律，不浪费纸张。

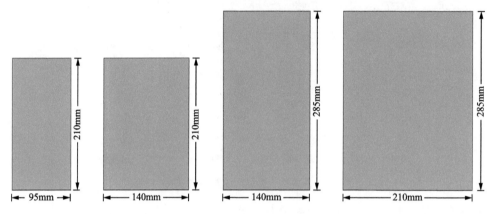

图4-5　常规折页成品尺寸

32开以下和4开以上尺寸的三折页过小或过大，不便阅读和携带，极少使用。非标准开数的三折页，会增加成本，亦不提倡。正度16开和正度8开的三折页，印刷费用与大度尺寸的相同，但成品尺寸小了一圈，有效信息面缩减了，也不宜采用。

（3）折页的浏览顺序

折页不需要经过后期复杂的装订，看似简单，但是也如一本画册一样，要有封面、封底、正文页面之分。封面、封底的位置按照不同的折法确定。

三折页是双面印刷的单张印刷品，经过两次折叠后，形成正反共计6个页面。三折页可以用荷包折完成，也可以用风琴折完成，两种折法会带来页面浏览顺序的变化（图4-6和图4-7）。

图4-6　三折页（荷包折）

图4-7　三折页（风琴折）

（4）折位线设置

理论上，折页的每个折面尺寸相等，但荷包折、关门折不可能按照等分尺寸进行加工。例如，荷包三折如果按照三等分尺寸，那么折出来的成品会出现褶皱，难以折叠平整。应该把向里折的那个面收缩 1mm 以上，以确保折叠后成品的平整度。一般这个收缩量为 1.2 ～ 1.5mm，收缩量应根据纸张的厚度灵活掌握（图 4-8）。关门折的两个向里折的面同样要根据纸张厚度缩减。

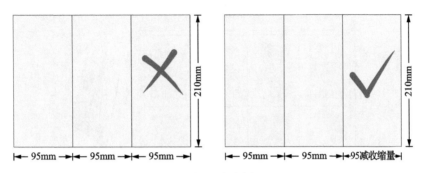

图 4-8　荷包折尺寸分割正误示例

四、画册编排规划

画册作为一种图文并茂传播信息的媒介存在于商业营销领域。画册设计的策划一般是先要有一个大体的设计思路及框架，重点从艺术表现（版式设计）和印刷工艺要求（技术规范）方面着手。版式设计从审美的角度进行设计，工艺规划从印刷生产的角度进行设计，两者的合理组合是构成完美印刷品的基础。

1. 决定画册规划的因素

（1）开本选择

选择并确定画册开本是设计的第一步，应根据画册的用途、内容和性质，选择设计合适的开本。不同宽窄的开本具有不同的功能和审美情趣。大开本具有珍藏的功能,高端大气；小开本具有携带方便的功能，小巧精致；标准开本比较常见，阅读方便；异形开本的设计虽然能"出奇"，但是形态的变化应与画册的内容相符，还要考虑成本与效果等因素；常规开本符合开纸规律，不会造成浪费（常规开本尺寸请参阅本书第一章第四节内容）。

（2）P 数规划

画册内容信息的多少和印刷折手及装订工艺的要求决定着画册的 P 数（页码数）。最少 P 数为 4，一张纸对折一次，可以形成正反 4 个面，对折页可以理解为特殊的画册（图 4-9）；画册 P 数规划应该是 4 的倍数，尤其是骑马订的画册，印刷页面必须是 4 的倍数才可以装订成册。

画册页码规划还应考虑书帖的因素，在画册印刷中单页印张按一定折法折叠后称为书帖。一个书帖因印张幅面与折叠次数变化，会有不同的 P 数。一帖的 P 数与开本、印刷幅面和折页次数有关。例如，对开的印刷幅面，折叠 3 次成 16 开本，正反共计 16P（图 4-10）；如果折叠 4 次，成 32 开本，正反共计 32P。因此，P 数规划应考虑印刷拼大版的方式，尽可能符合整书帖的 P 数限制。

我们以一个锁线胶装配帖规划案例进一步说明画册 P 数规划的道理。假如印刷一本大 16 开的画册，采用 128g 双铜纸，

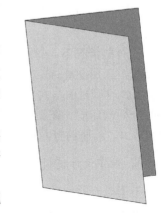

图 4-9　对折页——特殊的画册

根据图文内容的数量，内页排版100P。用对开幅面的印张拼版印刷，每个印张16P，16P/帖×6帖＝96P，存在4P的零印张。这4P的零印张需要单独一块印版印刷，装订时要先与内文其中一帖配成套帖。假如能够调整版式结构，用96P内页排完图文内容，就不会影响画册的效果，但却提高了效率并且降低了印刷成本。因此，这本画册的最佳规划就是一开始就设计96P的内页P数。

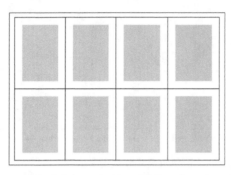

图4-10　折叠书帖（对开幅面折叠3次，成16开本，共计16P）

（3）装订方式

商业画册基本的装订方式为骑马订和锁线胶订，具体选择何种装订方式，应根据P数多少与装订厚度来确定。

1）骑马订设计规范：最少P数必须是8P；P数以4递增，P数的多少与使用纸张的定量（厚度）相关；骑马订不宜超过6帖；装订使用骑马订联动机，因此，厚度要控制在设备的最大装订厚度以内，不同型号的骑马订联动机有异，如有最大装订厚度8mm的设备，也有最大装订厚度6mm的设备；版式设计时要注意爬移量；封面与内页的纸张厚度可相同或不同；8P画册一定使用相同厚度的纸。

2）锁线胶订设计规范：最少帖数不少于3帖；书心厚度不小于3mm；最少P数是24P（3帖）＋四封；封面用纸较厚；书脊宽度（理论计算）＝单张纸的厚度 × 页数。

2．画册用纸选择

商业画册用纸一般为铜版纸和哑粉纸，胶版纸和轻质纸也多有选用。

画册印刷用纸的定量选择：画册封面多用250g或200g的纸；画册内页用纸的克重与P数相关，一般20P以下可以考虑做厚一点，封面、内页常用200g或157g的纸；20P以上，内页常用157g的纸；60P以上，内页常用157g、128g、105g的纸。页码数较多，内页尽量使用157g及以下的纸。大部分客户印制画册会选择200g纸做封面，157g或者128g纸做内页。

在有些情况下，封面和内页用同样克重的纸可以降低印刷成本。例如，8P画册用同一种纸张，都用200g或250g纸；12P画册的封面与内文宜用不同克重的纸，16P用一样克重的，20P可以封面与内文用不同的纸。原因是画册印刷中，8P可以用对开机一次印刷，12P必须分两次印刷。在画册印刷中，P数是8的倍数，建议用同一克重的纸张；P数是8的倍数再余4，画册的封面和内文就用不同克重的纸张。

3．数字设计稿制作

下面以企业宣传画册工艺策划方案设计案例讲述画册数字设计稿的编排设计方法。

开本规划：大16开（210mm×285mm）画册，根据内容的多少确定为8P（包含封面）。

装订方式：骑马订。

纸张选择：200g 铜版纸。

印刷方式：四色胶印。

后工项目：封面、封底覆膜（光膜），无其他整饰工艺。

在开始设计之前，首先要创建页面。注意，打开应用软件新建一个文件，根据成品尺寸及装订方式的要求创建合适大小的页面，在这个页面范围内进行排版制作。

画册在做页面排版时，一般按照对页编排，设计时规划的页面如同翻阅成品书，封面与封底相连，封二与第 1 面相连，第 2 面与第 3 面相连，第 4 面与封三、封底相连，封底与封面相连（图 4-11）。

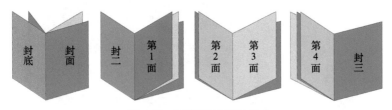

图 4-11 画册页面相连方式

第一步：启动 CorelDRAW 软件，新建文件，把画板尺寸改成 426mm×291mm（即两个 16 开大小）。

设置这样的画板尺寸是由设计的成品尺寸推算出来的：大 16 开的成品尺寸是 210mm×285mm，两个相连尺寸应该是 420mm×285mm。四边各多出 3mm，多出来的尺寸在印刷、装订完成后，要被裁切掉，称为"出血"。也就是说，数字稿的尺寸要比成品尺寸大，即设计制作时要在成品尺寸外每边加 3mm 出血，这是后续装订加工成品的工艺要求，以保证裁切后的成品有色彩的地方能够完全覆盖到页面的边缘，避免后续生产中留白边的质量问题。

画板尺寸设置后，画两个 213mm×291mm 的矩形框，并紧邻在一起，居中放置于画板之上。右侧是封面的位置，左侧是封底的位置。注意，封面和封底的位置不要放反，封面应在右侧，这样才能保证正确装订。再增加 3 个面，分别是封二与第 1 面、第 2 面与第 3 面、第 4 面与封三（图 4-12）。

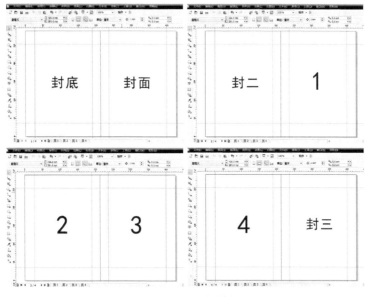

图 4-12 新建画册文件框架

　　第二步：拉辅助线设置版心。要合理设置订口、切口和天头地脚的尺寸，一方面使版式设计舒适美观，方便阅读；另一方面也是后工装订工艺的要求。图片可以做出血版设计，文本必须控制在版心之内（图4-13）。

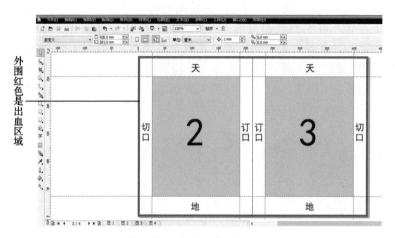

图4-13　合理规划版心尺寸

　　第三步：根据版式规划草稿完成稿件排版（图4-14）。

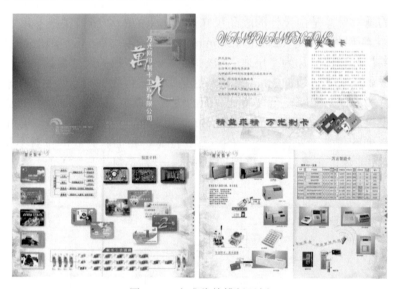

图4-14　完成稿件排版示例

五、校稿与打样

1. 校稿

　　在数字设计稿完成后校稿是关键的环节，确保稿件图文内容准确无误。印刷品成品出现的错误是不可逆的，补救的方式就是修改数字设计稿后重新印刷。

　　校稿的内容分两大类：文字原稿和图像原稿信息正误的校对；印刷工艺设置要求的校对。

　　（1）文字原稿和图像原稿信息正误的校对

　　文字错误在印刷中常有出现，并且印刷成品无法更正，因此在上机印刷前需认真校对。

（2）印刷工艺设置要求的校对

1）文件尺寸：是否是客户要求的尺寸；设计稿件需在图片上下左右各添加 3mm 出血，重要文字信息或内容距离页面边缘 8mm 以上，这样版面裁切后才更美观。

2）分辨率：图像文件分辨率需在 300ppi 以上。

3）色彩模式：所有颜色均需使用 CMYK 印刷色，不得使用 RGB 或其他色盘标示颜色。黑色文字在设计时使用单色黑（C0M0Y0K100）。

4）图像存储格式：检查有无 JPG 格式的图像存在。

5）线条设定不小于 0.1mm，以免印刷成品时无法完整呈现。

6）底纹：若文件上有制作底纹，应保证底纹颜色色值与背景模板颜色色值差大于 15%，否则印刷成品无法完美呈现色差效果，影响美观。

7）加工刀版尺寸和形状是否合理、准确。

2．打样

打样是在正式印刷开始前的试印样张，是通过一定的方式把拼版的图文页面信息复制出校样的工艺。打样是印刷过程中检验印前制作、指导印刷生产的重要环节，可以把设计、印刷失误造成的损失降到最低。

（1）打样的作用

1）印前检查。打样可以检查印前制作中可能存在的问题，如原稿阶调、色彩还原的品质如何，版面尺寸、图像、文字的编排等是否正确等，以便对存在的问题及时修改。

2）合同样张。打样样张是对设计稿的最终校对，为客户提供校稿、签样样张。

3）印刷样张。为印刷工序提供标准样张。

（2）打样方法

传统打样和数码打样是两种最为常用的打样方式。

1）传统打样。传统打样也叫机械打样或模拟打样，是把印版安装在打样机上进行印刷，得到样张的打样方式。传统打样采用与印刷相同的原理，一般是采用与正式印刷基本相同的印刷条件，如纸张、油墨、印刷方式等。因此，其优点是可以实现完全模拟印刷，缺点是打样周期较长、成本相对较高。

2）数码打样。数码打样是用数码打样机，由相应的色彩管理软件控制，输出样张的打样方式。其原理和使用的材料与印刷完全不同，但能够模拟各种纸张、油墨、印刷方式的效果。数码打样在样张稳定性、一致性、输出速度、成本等方面优于传统打样。

数码打样的发展和广泛应用，并不完全在于其效率和打样成本优势，而是 CTP 的发展和应用改变了原有的印前输出工艺。

第二节　拼　大　版

一、拼大版的概念

画册等非单张印刷品在印刷生产中需要将各个页面对应的位置，以特定的方式拼成大版，下机后经折叠，形成正确的页序。页码多的画册需要几个书帖，各个书帖按照顺序排列后，进行装订、裁切，形成具有正确页序的画册成品。同样，单张印刷品，也要把几幅小页面（相同内容或不同内容）按照一定的规律拼版，印刷完成后裁切成单张成品。

拼版可以使用矢量软件手工拼版，更多时候是使用拼版软件完成。无论采用哪种方法，对拼版原理都要理解透彻，这样才能运用自如。

二、拼版前期的检查准备工作

设计文件在拼大版之前，需要做以下几项准备工作：

1）检查有无不符合印刷工艺要求的因素存在。

2）检查上机印刷幅面（4开、对开、全开）。

3）确认装订方式。

4）检查文本是否全部转曲线。

5）检查是否按照单页群组文件。

微课：拼大版

三、大版的版面结构

一块完整的大版的版面结构由版心内容、套版角线、十字线、测控条（色标、梯度尺）、裁切线、折页线、印件名称、叼口、拖梢、边位等元素构成（图4-15）。

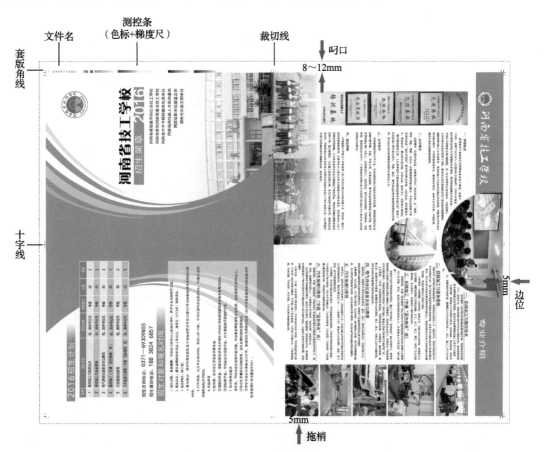

图4-15 大版的结构

1. 套版角线

套版角线的作用是套印标记，同时内角线还做裁切线用。套版角线的长度为 3mm，两条线间隔宽度为 3mm，线宽设置为 0.2mm，线条粗细适中。线条过粗则在生产中无法判断套合的精度，过细在印刷中无法完全套合，造成判断困难（图 4-16）。

套版角线填色使用四色黑（C100M100Y100K100）填充，在包含专色版的设计稿拼版时，套版角线使用注册色填充（图 4-17）。这样才能使角线在每一块色版的同样位置出现，承担印刷套版标记的任务。

图 4-16 套版角线

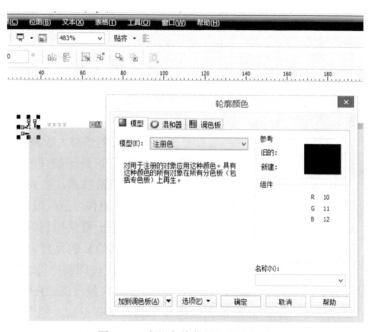

图 4-17 套版角线使用注册色填充

2. 十字线

十字线也称为套准线，是各个色版套准的依据，与套版角线作用相同。线宽设置为 0.2mm，使用四色黑或注册色填充。

3. 测控条

（1）手工拼版测控条

手工拼版测控条由色标和梯度尺两部分构成（图 4-18）。

图 4-18 测控条

1）色标用于区分大版的印刷用颜色，印刷时工人根据大版上的色标决定某块板用哪一色油墨。色标由 4 个连续排列的正方形构成，每个方块大小为 3mm×3mm，分别填充 C100、M100、Y100、K100，字母颜色填充白色，这样才能保证这 4 个色块分别出现在对应的印版上。

含有专色印刷的设计稿，会增加第五色——专色，色标上也要反映出来（图4-19）。

（a）四色色标   （b）含有专色设计的色标

图4-19　色标

2）梯度尺的作用是方便印刷过程中质量监控，评价图像层次复制效果、纠正色偏。梯度尺由5组构成，分别是4种原色加中性灰梯度尺。每组原色梯度尺由连续排列的方块构成，每个方块大小为3mm×3mm，从左到右分别填充实底、九成网点、八成网点……一成网点（图4-20）。

图4-20　梯度尺

中性灰梯度尺也由连续排列的方块构成，从左到右分别填充。由洋红、青、黄三原色按照不同比例构成的中性灰，分别对应单色黑梯度尺的相应明度（图4-21），生产中可以明显地监控色偏问题。

C98 M97 Y96 K0　C48 M36 Y35 K0
C88 M84 Y80 K0　C38 M27 Y27 K0
C77 M69 Y64 K0　C28 M19 Y19 K0
C66 M57 Y57 K0　C19 M12 Y12 K0
C59 M47 Y45 K0　C9　M5　Y5　K0

图4-21　中性灰梯度尺参考数据

（2）电子拼大版测控条

测控条是印刷质量控制的有效工具，是运用精密技术，把网点、线条和实地等几何图形制作成胶片或电子文件，在制版印刷环节进行质量控制的一种测试工具。使用测控条的目的是控制晒版、打样和印刷过程质量，使印刷质量达到标准化、规范化。

1）现在通用的测控条种类有瑞士布鲁纳尔、瑞士佛格拉（FOGRA）、美国GATF、中国印刷科学技术研究所等。不同测控条在结构和功能上虽有差别，但归纳起来都包含如下控制段：实地密度、网点增大、印刷相对反差、阶调再现、墨层厚度、套印精度、印刷灰平衡、网点滑移和变形等。我国印刷标准推荐采用布鲁纳尔测控条，常用的还有GATF和FOGRA等。

2）根据测控条出现的形式，测控条分为传统软片类测控条和数字式测控条。

① 传统软片类测控条是以胶片为载体，以实物形式存在的。它由专门的生产制作机构生产制作，称为原版。以这样形式出现的测控条一般以晒版用途为主，但也有用于印刷控制的。

② 数字式测控条以电子文件形式存在。多以PS语言为基础，因此有时候也被称为PS测控条。其常见的格式为PS、EPS及PDF。数字式测控条可以进行复制，常用于CTP系统及数字印刷系统。

3）根据测控条所提供的质量信息的档次，测控条分为信号条和测试条。

① 信号条由若干信号块构成，能及时反映印刷时的网点扩大或缩小，轴向重影或周向重影，以及晒版时的曝光不足或过量，印版的分辨力等情况。其特点是只需一般放大镜或人眼，就能察觉质量问题，无需昂贵的专用仪器设备；使用方便，容易掌握；结构简单，成本低；只能定性地提供质量情况，无法提供精确的质量指标数据。

② 测试条由若干区、段测试单元（块）和少量的信号块组成，不仅具有某些信号条的

功能，还能通过专门的仪器设备（带偏振装置的彩色反射密度计及带刻度的高倍率放大镜）在规定的测试单元上进行测量，再由专用公式计算出印刷质量的一些指标数值，供评判、调节和存储之用。它适用于高档次产品印刷质量的控制、测定和评价。

测控条在印版上的放置位置要求：放置于大版上裁切尺寸之外的区域；放置于大版的叼口、拖梢与印刷机滚筒轴向平行处；放置于最容易出现质量偏差的区域；拖梢部位的测控条，应距纸边至少 2mm。

4．裁切线与折页线

裁切线指示印刷品后工的裁切部位，线条粗细为 0.2mm，由 3 条长 3mm 的线平行排列构成，相互间距为 3mm。

折页线由一条 3mm 的线构成，线条粗细为 0.2mm，指示对折部位，非切断。

裁切线与折页线均填充单色黑（K100）。

5．印件名称

印件名称出现在大版的左上角，用于区分不同的稿件。印件名称要尽可能标示清楚印刷及后工要求。

6．叼口、拖梢与边位

叼口也称咬口，是指大版装在印刷机叼牙一边所需要的范围。叼口范围内不能出现图像，不同的印刷机要求的叼口尺寸不同，叼口范围一般为 8 ～ 12mm。

叼口的对面边缘留 5mm 的空白范围，称为拖梢。

边位是大版左右两侧各留约 5mm 的空白范围。

四、拼版方式

1．单面印版

单面印版的成品为单面印刷品，多为小幅单页、书皮或海报。单面印版拼版后，只要不超出印刷幅面即可，拼版比较简单，这种印刷品不存在正背面内容对应或页码顺序问题。

2．套版

套版的纸张正面和背面分别用两套不同的版印刷，拼版时要考虑正背面内容及方向的对应关系。

套版的特征：印完一面后，翻纸换版，印另一面；完成一个印张需要两套印版；适用于页码多的画册、大尺幅折页等。

3．自翻版

自翻版（左右翻转）是指同样内容的印版在纸张两面各印一次，即用一套印版完成纸张正背面的印刷，拼版时同样要考虑正背面内容及方向的对应关系。

自翻版的特征：印完一面后，翻纸不换版，印另一面，按照进纸方向左右翻纸；完成一个印张只需要一套印版；适用于页码少的画册、单页等。

4．滚翻版

滚翻版（前后翻转）是指同样内容的印版在纸张两面各印一次，一套印版完成纸张正背面的印刷，拼版时同样要考虑正背面内容及方向的对应关系。

滚翻版的特征：印完一面后，翻纸不换版，印另一面，纸张前后翻转180°；完成一个印张只需要一套印版；会缩减有效印刷面积，画册及正常开数的单页等一般不采用这种拼版方式；适用于横长的折页拼版等。

五、拼版案例

拼大版时必须根据装订时所采用的折页、订书及裁切等的工艺方法，正确地进行摆版工作，便于后续加工折页，并符合配页、订书等工艺要求。摆版即确定单个页面在大版上的位置、方向。书帖的折叠方式决定了印版的组合和印版排列的方式。采用模拟折手是确定单个页面摆版位置的有效方法，下面以3个案例详细讲述。

1. 骑马订画册拼版

【案例描述】

开本规划：大16开画册，封面与内页共8P。

装订方式：骑马订。

纸张选择：200g铜版纸（封面与内页用相同纸张）。

上机印刷幅面：对开。

矢量软件：CorelDRAW（手工拼版）。

【案例分析】

根据上述案例描述，最恰当的拼版方式是对开自翻版。

可以看到在上机大版上单个页面的摆版位置并不是做设计稿的顺序，装订的成品要想做到正背面的对应关系、上下方向、页码顺序是正确的，有效方法就是用模拟折手确定摆版位置。模拟折手是在拼版前模拟印张折叠成书帖后，与书刊画册页码顺序相符的拼版方式。折手出错的后果是装订后的成品页码顺序错乱、正反方向颠倒。

模拟折手制作步骤：取一张A4白纸，把它想象成拼版幅面（印刷上机幅面）的尺寸。确定一种折页方式，按照开本确定折数，由装订方式确定配页方式。

【案例实施】

本案例采用垂直交叉折页法（正折），折两次，正好8P。书脊在左侧，右下角为第一页，依次往后标注，直到最后一页。标注页码时，要按照完整的版面顺序标注清楚明码和暗码，如扉页、目录、前言等。将标注过页码的每帖展开后就是每个印张的拼版示意图，展开后标注的文字和页码的正反方向就是实际版面上的正反方向（图4-22）。标注页码后展开，就是拼大版的页面对应关系，照此在软件中完成拼版（图4-23）。

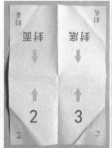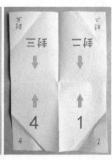

图4-22　制作折手

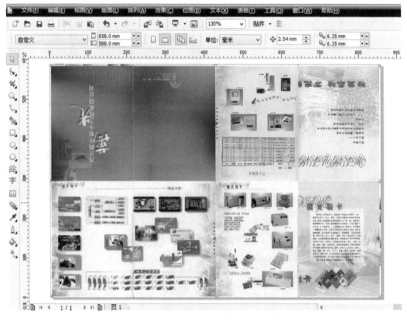

图 4-23　拼版

2. 企业业务宣传画册拼版

【案例描述】

开本规划：大 16 开画册，内页 16P，封面 4P。

装订方式：骑马订。

纸张选择：封面 200g 铜版纸，内页 105g 铜版纸。

上机印刷幅面：对开。

矢量软件：CorelDRAW（手工拼版）。

【案例分析】

宣传册印量较大，正文和封面均采用大对开纸张上机印刷，拼版方式为内文拼对开套版，封面拼对开自翻版。

【案例实施】

通过模拟折手的方法确定各个页面在大版的位置（图 4-24 ～图 4-26）。注意，数字 6、9 展开后容易混淆，8 容易看错方向。

图 4-24　制作折手

（a）对开套版正面

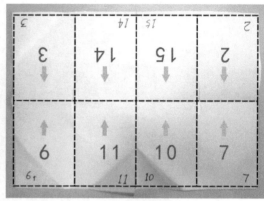
（b）对开套版背面

图 4-25　内页对开套版摆版位置

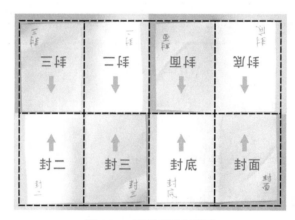

图 4-26　封面对开自翻版

3．锁线订与骑马订折手的区分（页码编排举例）

【案例描述】

开本规划：大 16 开画册，内页 48P，封面 4P。

装订方式：骑马订或锁线胶装。

上机印刷幅面：对开。

拼版方式：对开套版。

【案例分析】

根据案例描述，本案例画册为 3 帖，可以采用骑马订装订，也可以采用锁线胶装的装订方式。内页 48P，正好是三页对开的印张，拼三套对开套版是恰当的选择。各个页面处于哪一帖的什么位置，依然通过模拟折手的方法确认。两种装订方式因配帖方法不同，其拼大版的单页摆版位置也有所变化。

【案例实施】

（1）骑马订拼版编排示例

取 3 张 A4 纸，采用垂直交叉折页法（正折），折 3 次，正好每帖 16P。把 3 帖折好后按照套帖法配书帖，书脊在左侧，右下角为第一页，依次往后标注，直到最后一页（图 4-27）。

标注页码展开后,可以看到第 1 帖包含 1 ～ 8 页和 41 ～ 48 页(图 4-28);第 2 帖包含 9 ～ 16 页和 33 ～ 40 页(图 4-29);第 3 帖包含 17 ～ 32 页(图 4-30)。按照展开后的图示正确完成拼版。

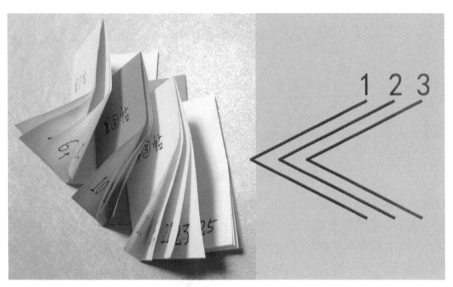

图 4-27 模拟套帖折手

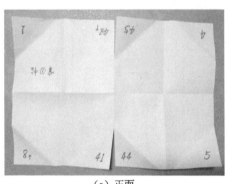

(a)正面

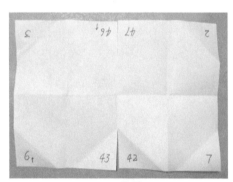

(b)背面

图 4-28 骑马订第 1 帖

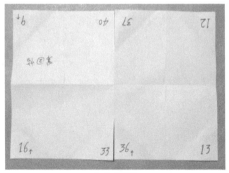

(a)正面

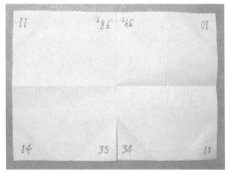

(b)背面

图 4-29 骑马订第 2 帖

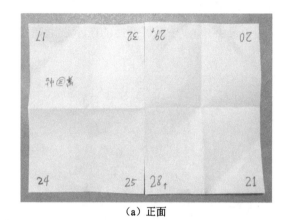
（a）正面

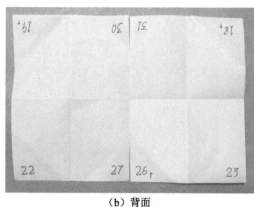
（b）背面

图 4-30　骑马订第 3 帖

（2）锁线胶订拼版编排示例

取 3 张 A4 纸，采用垂直交叉折页法（正折），折 3 次，正好每帖 16P。把 3 帖折好后按照配帖法配书帖，书脊在左侧，右下角为第一页，依次往后标注，直到最后一页（图 4-31）。标注好页码后展开，可以看到第 1 帖包含 1 ～ 16 页（图 4-32）；第 2 帖包含 17 ～ 32 页（图 4-33）；第 3 帖包含 33 ～ 48 页（图 4-34）。按照展开后的图示正确完成拼版。

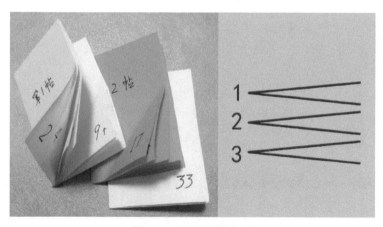

图 4-31　模拟配帖折手

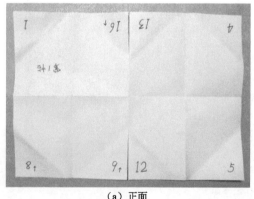
（a）正面

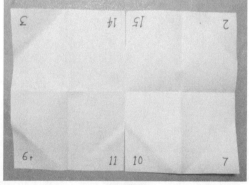
（b）背面

图 4-32　锁线胶订第 1 帖

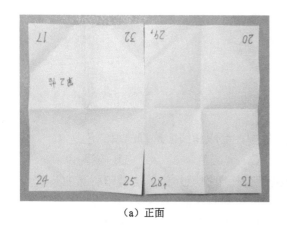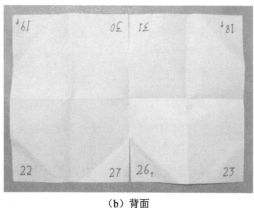

（a）正面　　　　　　　　　　　　　　（b）背面

图 4-33　锁线胶订第 2 帖

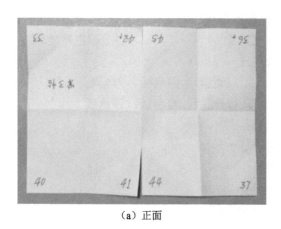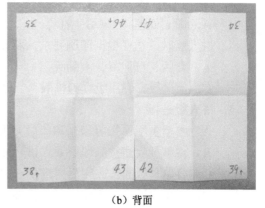

（a）正面　　　　　　　　　　　　　　（b）背面

图 4-34　锁线胶订第 3 帖

4．案例总结

1）无论是手工拼版还是采用拼大版软件拼版，模拟折手都是获得正确拼版页面对应位置的有效方法。

2）设计人员掌握印刷拼大版的基础方法，有助于有效做好前期印刷方案策划。

3）通过上述案例可以看出，单个页面在大版中的对应关系应该遵循一个原则——"头顶头，脚对脚"。其目的是装订、裁切成成品后，保证正背面的方向一致和正确的页码关系。

4）书帖的折叠主要采用折页机来完成，模拟折手要根据折页机的运转规律来排列，否则，只能采用手工折页（这样将会降低生产效率）。

5）锁线胶订一般适用于较厚的书籍，为便于锁线装订，对于不满 8P 的零头书页，应当把它套在另一整帖的书帖之上再进行锁线订。

6）采用骑马订时，要求把整帖放在书心最里面，零头页放在最外面，以便订书时书帖规矩整齐，传送顺利。骑马订订书的方法与其他订书方法不同，折页后的书帖前半部分是书刊最前面的页码，而后半部分是书刊最后面的页码。

自测题

一、单选题

1. 在包含有专色印刷设计的 CDR 格式文件中，套版角线应选择的填充色是（　　）。
    A. 黑色　　　　　　B. 注册色　　　　　　C. 套准色　　　　　　D. 浅网色

2. 《印刷业管理条例》中有关印刷企业接受委托印刷境外包装装潢印刷品的条款，下列描述正确的是（　　）。
    A. 不能承接此类业务　　　　　　B. 报批后可以在境内销售
    C. 印刷品必须全部运输出境　　　D. 无明确规定

3. （　　）是为印刷提供基本控制数据和标准彩色样张的工序。
    A. 图文处理　　　B. 打样　　　　　　C. 打印　　　　　　D. 彩色喷绘

4. 拼大版时，往往根据印刷要求，将印版拼成（　　）中的一种。
    A. 套版、自翻版、滚翻版　　　　　B. 专色版、四色版、刀模版
    C. 丝网版、套印版、刀模版　　　　D. 刀模版、专色版、四色版

5. 拼大版是指（　　）。
    A. 将单页版面按照印刷和印后要求拼合成大版
    B. 将单页版面按照印刷要求拼合成大版
    C. 将单页版面按照印后要求拼合成大版
    D. 将单页版面按照印刷和装订要求拼合成大版

6. 出于印刷成本控制考虑，在设计制作时应注意（　　）。
    A. 在可能的情况下，尽量减少颜色数量
    B. 在可能的情况下，尽量使用正常开纸的开本设计
    C. 尽量将颜色数量相同的印面内容拼合在同一版面内
    D. 尽量将专色做成叠印

7. 如果印件的尺寸为 210mm×330mm，则下列纸张尺寸合理的是（　　）。
    A. 大 4 开（440mm×595mm）　　　　B. 大 3 开（395mm×880mm）
    C. 正 4 开（390mm×540mm）　　　　D. 正 3 开（360mm×780mm）

8. 不属于非印刷类平面设计的是（　　）。
    A. 网页设计　　　　　　　　　　B. 折页设计
    C. 电子书籍　　　　　　　　　　D. 彩色喷绘

二、填空题

1. 根据打样所采用的方法和设备来区分，可将打样分为_____和_____。

2. 《印刷业管理条例》中把商业印刷品定义为"_____"。

3. 彩页与折页都属于_____结构印刷品。

4. 异形折页的成型加工需要制作刀版，用_____工艺完成成品加工。

5．不同的折页方式中，_____的形状像"之"字形，如同古时的折扇。

6．画册封面多用 250g 或_____ g 的纸。

7．全册 8P、16 开骑马订的画册，封面和内页用_____的纸，可以把印刷成本控制到最低。

8．设计制作数字稿件时要在成品尺寸外每边多加_____ mm，称为出血。

9．拼大版前应将文件中全部文本转_____，然后按照单页群组文件。

10．折页一般应以_____对准为标准。

三、简答题

1．简述锁线胶装的设计规范。

2．用于上机印刷的大版除了版面内容外，还应有哪些拼版元素？

3．文件输出后只有黑版有角线，其他版没有角线，针对这种问题如何处理？

4．打样的作用是什么？

5．平面设计师为何需要了解印刷工艺？

自测题答案

第五章 丝网印刷

■ 学习目标

理解丝网印刷的原理，能够手工完成绷网、晒版、显影、印刷等流程；熟练运用平面设计软件制作丝网印刷设计稿，并符合后续制版要求。

■ 学习要点

1）丝网印刷设计稿制作。

2）绷网。

3）配制感光胶及涂布。

4）晒版与显影。

5）印制 T 恤衫。

第一节　丝网印刷概述

一、丝网印刷的概念

丝网印刷的制版材料是经纬线织成的网布。丝网印刷利用网布经纬线之间的空隙漏墨完成，属于孔版漏印工艺。

以紧绷在网框上的丝网作为版基，用适当的材料和方法，使丝网版上非图文部分的网孔被封堵住，图文部分的网孔处于通透状态，构成丝网印版。印刷时通过刮板的挤压，使墨料通过图文部分的网孔漏印到承印物上，形成与原稿一样的图文，从而实现印刷复制（图 5-1）。

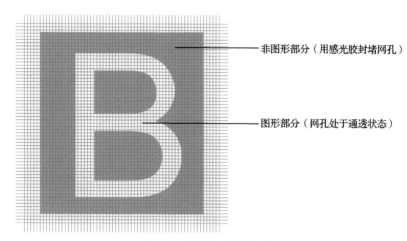

图 5-1　丝网印版漏印原理

二、丝网印刷的特点

1．印刷适性强，应用范围广

丝网印刷不仅可以在平面上印刷，还能在曲面、球面及凹凸面的承印物上印刷；不仅可在硬物上印刷，还可在软物上印刷，不受承印物材质限制。

2．墨层厚实，立体感强

丝网印刷的墨层一般在 30μm 左右；用丝网工艺印制电路板，墨层厚度可达 1000μm；用发泡油墨印制盲文点字，墨层厚度可达 300μm。

3．耐光性强，色彩鲜艳

丝网印刷品的耐光性比其他印刷方式印刷物的耐光性强，更适用于户外广告标牌的制作。

4．印刷幅面大

受设备限制，一般的胶印印刷面积最大为全开纸，而丝网印刷最大幅面可达 3m×4m，甚至更大。

5．印刷压力小

丝网印刷适合在易碎物上印刷，如用玻璃做承印物。

6．应用墨料类型广泛

丝网印刷可使用多种类型的墨料，以适应不同质地的承印物。油性、水性、合成树脂乳剂型、粉体等油墨或涂料均可供丝网印刷使用。

以上特点是丝网印刷区别于其他印刷方式的特征与优势，也是丝网印刷能与现代彩色胶印并存于商业印刷领域的主要原因。

第二节　丝网印刷制版工艺

一、丝网版基的制作

1. 丝网版基的制作材料

丝网版基由网框和网布构成，把网布紧紧绷在一个矩形网框上即构成版基。

（1）网框

网框是固定丝网用的框架，无论机械印刷还是手工印刷都离不开它。网框是不同长宽尺寸的矩形框（图5-2），其大小需要根据印刷尺寸确定。

图5-2　网框形状

1）网框的性能要求。

① 网框要具有足够的强度，绷网时在丝网张力的作用下，网框不能产生变形，以保证尺寸精度。在保证强度的条件下，网框质量越轻越好，以便操作。

② 网框材质对水和溶剂具有耐抗性，对温度及干燥度的变化越小越好，以防变形。

2）网框材质的选择。制作网框的材料主要有木材、中空铝型材等。各种材质的网框各有特点，可根据印刷需要选用。

① 木质网框的特点是制作简单方便、重量轻、价格低、绷网便捷。其缺点是耐水性差，水浸后容易变形，影响印刷精度，网框重复利用率低。木质网框适用于对印刷精度要求不高且印量少的作业，而且宜用手工绷网及手工印刷，不宜用机械印刷。

② 中空铝型材网框（图5-3）强度高、牢固、不易变形，耐溶剂和耐水性强，操作轻便；绷网需要借助张网器械，适用于机械印刷和手工印刷。

3）网框尺寸的选择。网框尺寸的选择取决于印刷面积和印刷设备。一般情况是网框的内径尺寸要大于印刷图文面积，留出足够空间位置。在网版的两端要有足够的空间位置做存墨区域，网版的左右部分所留的空间位置能为网版在印刷时提供足够的压延和弹性。对于不同类型的丝网印刷设备，网框内径与印刷区域之间的距离，都要通过测试来确定。

（2）网布

1）网布的类型。丝网印刷用的网布通常是尼龙丝网、涤纶丝网、不锈钢丝网等（图5-4）。

① 尼龙丝网属于聚酰胺系，由化学合成纤维制作而成。其优点是具有很高的强度，耐磨性、耐化学药品性、耐水性、弹性都比较好；由于丝径均匀，

图5-3　中空铝型材网框

表面光滑，故油墨的通过性也极好。其缺点是拉伸性较大，在绷网后的一段时间内，张力会有所降低，使丝网印版松弛、精度下降。尼龙丝网不适宜印制尺寸精度要求很高的电路板等。

② 涤纶丝网属于聚酯系，由化学合成纤维制作而成。其优点是具有耐溶剂性、耐高温性、耐水性、耐化学药品性；在受外界压力较大时，其物理性能稳定，拉伸性小。其缺点是耐磨性较差。涤纶丝网除有尼龙丝网印刷的优势以外，还适于印刷尺寸精度要求高的电路板等。

③ 不锈钢丝网。其优点是耐磨性好、强

图 5-4　网布

度高、拉伸性小；由于丝径精细，油墨的通过性能好；丝网的机械性能、化学性能稳定，尺寸精度稳定。其缺点是弹性差，丝网伸张后，不能恢复原状。不锈钢丝网适于电路板和集成电路等高精度的印刷。

2）丝网的选择。目数是指单位长度内的网孔（目）或网线个数，是用来描述单位面积丝网包含网孔多少的技术术语，一般单位为目/cm 或目/in（如 150 目/in，意为 1in 内有 150 根网丝）。目数表示丝网的疏密程度，目数越高，丝网越密，网孔越小。网孔越小，油墨通过性越差；网孔越大，油墨通过性就越好。

① 选择丝网目数需考虑成本、透墨性、耐印率、印品精度要求、承印物表面状态等因素。如果印制网点产品，还应考虑网点阶调和丝网目数的关系。

② 油墨通过丝网的难易程度是选择丝网时主要考虑的因素之一。一般透明度高的油墨、塑料油墨，其通过性好；特殊用途的油墨、颜料浓度高的油墨，其通过性相对较差。油墨的颜料颗粒比较细微，油墨通过性好，选用高目数的网布；油墨通过性差，选择低目数的网布。不同的丝网墨料都会标注指导性目数，可参照选择网布目数。

③ 承印物的表面质地是选择丝网目数的关键因素之一。表面粗糙的吸收性强的承印物，要达到最佳的墨层遮盖率，需要较多的墨量，如皮革、帆布、木材等，要使用较低目数的丝网。其原因是承印物表面粗糙，吸墨量大，用低目数的丝网可以保证足够的墨量。表面光滑的承印物需要的墨量相对较少，因此选用较高目数的丝网。

④ 丝网目数与原稿图像精度相匹配。选择的丝网目数要确保最细的图像区有足够的丝网支撑，一般原稿有精细线条的要选择高目数丝网。

⑤ 选用丝网还要考虑成本，在满足印刷要求的前提下，尽量选用价格较低的丝网。

2．绷网

（1）绷网要求

1）绷网是将丝网绷紧并使其牢固地黏合在网框上，其基本要求是整个网面的张力均匀，同向的网丝相互平行，经纬向相互垂直。加压印刷，瞬间回弹后张力保持不变。

2）绷网张力大小是保证印刷精度的因素之一，在彩色印刷时要求每块套色版的张力必须保持一致。使用张网机机械绷网时，可使用张力仪测试绷网张力。

（2）绷网角度

绷网角度是指丝网的经纬线与网框边的夹角，分为正绷网和斜交绷网两种。

正绷网是指丝网的经、纬线分别平行和垂直于网框的 4 个边（图 5-5）。斜交绷网是丝网的经、纬线分别与网框 4 边呈一定的角度（图 5-6）。正绷网是制丝网版通常采用的方式，操作方便，能充分利用网布，减少浪费。在套色网点印刷时采用斜交绷网制版，以避免印刷龟纹出现。

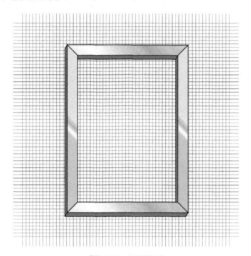

图 5-5　正绷网

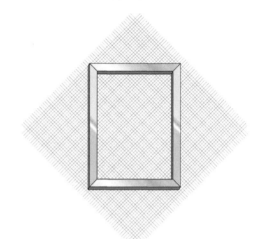

图 5-6　斜交绷网

（3）绷网方式

绷网分手工绷网与机械绷网两种方式。

1）手工绷网。手工绷网适用于木制网框，使用的工具是强力钉枪（图 5-7）和绷网钳（图 5-8）。这种方法就像绷油画布一样，用绷网钳、强力钉枪手工将丝网绷紧并固定于网框之上。该方法使用的工具简单，易于操作，缺点是张力不均匀，绷网质量难以保证，适用于印刷量小和精度要求不高的作业。

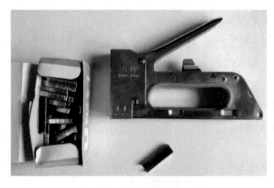

图 5-7　强力钉枪

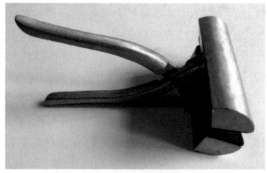

图 5-8　绷网钳

手工绷网的操作方法：先用清水和洗洁精将网布洗干净后拧至半干，从 4 个边的中间开始，用钉枪将网布固定，逐渐扩展至 4 个角。通常在手工绷网时，张力的确定主要凭经验，绷网时，一边将丝网拉伸，一边用手指弹压丝网，感觉到丝网有一定弹性即可，弹之如鼓面（图 5-9）。

图 5-9　手工绷网过程

2）机械绷网。机械绷网是用张网机将网布绷紧，用黏网胶将网布与金属网框牢固黏合在一起。机械绷网的优点是张力均匀，适合高精度制版。

① 机械绷网使用的器械有气动张网机（图 5-10）、手摇拉网夹头（图 5-11）等。

图 5-10　气动张网机

图 5-11　手摇拉网夹头

气动张网机一般以压缩空气为动力，驱动多个网夹上的气缸活塞，同步推动网夹做纵横方向的相对收缩运动，对网布产生均匀一致的拉力。它可以根据网框尺寸大小分别配置网夹。

手摇拉网夹头长 30cm，转动灵活，使用方便。一般根据网框尺寸配置合适的夹头数量。

因其拉网是人工手摇进行，绷网精度不如气动张网机。

② 机械绷网使用的材料是绷网用胶黏剂（又名黏网胶、接着剂）。绷网用胶黏剂与其他胶黏剂有所不同：一般胶黏剂是将两个物体黏合在一起即可，它所连接的力是垂直方向的；绷网用胶黏剂不仅要有垂直方向的力，还要求有横向拉力。同时，绷网用胶黏剂要求具有一定硬性和耐热性，网框回收时剥离容易等特点。

a. 聚乙烯醇缩醛胶。聚乙烯醇缩醛胶是以聚乙烯醇缩丁醛树脂为主要原料的单组分胶黏剂，溶解于乙醇。其特点是黏合力强、易干、应用范围广，可用于木框、铝框及铁框。其缺点是上胶量较多，故需多次涂刷，用量大、费时，胶体硬及耐热性稍差，故在高张力网布黏合时会出现滑网现象。聚乙烯醇缩醛胶的使用方法是用短毛刷将其涂刷于网框和网布结合的一面，干对湿 3 ～ 4 次。胶体必须涂布均匀，不然会影响黏合强度，待干透后上机，在网框和网布紧贴处刷一次乙醇，用牛角刀顺一个方向移压，并用电吹风跟着牛角刀加热，使胶体进入网孔，15 ～ 20min 后即可下机。对强力要求较高的网版，可在网框外侧涂胶，使网布与网框呈 90° 黏合，以防止滑网现象。

b. 快速黏网胶。市场上有多种品牌的快速黏网胶，适用于铝框、木框。其使用方法是在网框上均匀涂一层黏网胶作为打底胶，晾干后即可上机绷网。当需黏合时，在网布和网框紧密结合面复涂一次，用硬胶皮刮涂均匀，半小时干燥后即可下机。为防止滑网，在网框的黏合部分及外侧用水溶性的胶黏带（银胶带）黏附（图 5-12）。

图 5-12　黏网胶

3）气动张网机绷网的操作步骤。

① 在中空铝型材网框黏网面涂刷一层黏网胶，晾干。

② 裁切网布，尺寸大于网框，多出的尺寸正好能使张网夹头夹牢为宜。

③ 在网框四周排列好张网夹头，夹好网布。为了使丝网的经纬线保持垂直、平行，将丝网夹入夹头时必须十分细致，尽可能使网丝和网夹保持平行、挺直，切忌斜拉。

④ 启动拉网开关，气动拉网夹头的活塞杆移动使丝网拉紧。

⑤ 待网布拉到一定张力，在网布与网框黏接处倒上一条胶线状的黏网胶，接着用硬胶皮在其上刮涂均匀，使黏网胶透过网布孔漏到网框上。

⑥ 刮胶完成后，停放约 0.5h 晾干，即可从张网机上取下。常温停放 1h 后可投入使用（图 5-13）。

3. 网版的前处理

网版在涂布（粘贴）感光材料之前还有一道非常重要的工序，称为网前处理。由于聚酯单丝表面十分光滑，对感光材料的亲和性差，加上网布在织造过程中，在网丝上涂了一种特殊的蜡油，因此网布对感光材料的亲和力就更差，严重影响网版的耐印次数。为提高网版的耐印率，必须对网丝进行粗化和脱脂处理。

网版的前处理方法是使用脱脂剂清洗网版，或者使用清洁剂清洗。脱脂剂是一种操作简单的化学助剂，它集合了丝网脱脂附水性及抗静电处理于一体的特性。清洗有利于感光胶的均匀涂布和印刷过程中油墨的转移，可提高图像印刷的质量。

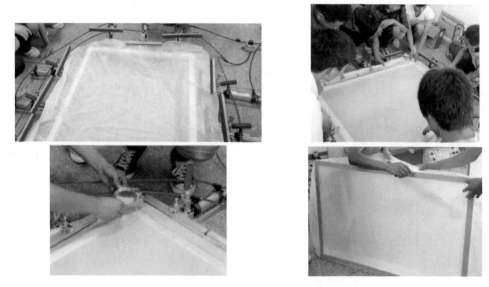

图 5-13　气动张网机绷网

二、感光制版

1．感光制版原理

丝网制版方法主要有手工制版和感光制版。手工制版分刻膜制版和手绘制版。感光制版有直接感光制版、间接感光制版、直接间接混合制版等制版方法。此外还有精度更高的喷墨丝网制版法、激光丝网制版法等。本书重点讲解常用的直接感光制版的操作。

直接感光制版法是直接把感光胶涂布在网面上，经晒版显影制得印版。其方法是在丝网上涂布一定厚度的感光胶，待其干燥后，在丝网上形成感光膜。将阳图胶片密合在丝网感光膜上，在晒版机上曝光，曝光时图文部分（黑色）遮光，感光膜不发生化学变化，非图文部分（透明）受光照射，其感光膜固化并与丝网牢固结合成版膜。未感光部分溶于水，经显影冲洗形成通孔，而见光的感光胶膜存留下来，封堵网孔，完成印版制作（图 5-14）。

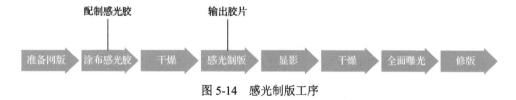

图 5-14　感光制版工序

2．感光制版的工具材料与设备

（1）感光胶

感光胶是丝网制版用于封堵网孔的材料，最终使网版形成图形部分（透墨）和非图形部分（阻墨）两大区域。感光胶涂布于网布上干燥后，光线照射的部分会被很好地固化在网布上，光线未照射的部分能够溶解于清水，丝网制版就是利用这一特性完成的。

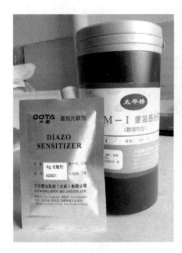

图 5-15 重氮感光胶

重氮感光胶（图 5-15）是目前市场使用量最多、使用面最广的一种感光胶。其特点是无毒、易保存、易制版操作、精度高、光谱范围稳定在 380～420nm，可以在黄光及非强光下操作，水显影操作方便，网版可回收重复使用。

因丝网印刷墨料品种复杂，感光胶分耐水型和耐溶剂型两种，分别适用于水性墨料和油性墨料。

购买的重氮感光胶一般为双液型感光胶，在使用前要先将感光剂按配方说明溶释，即一组感光胶由胶体和光敏剂构成，各自独立包装，使用时再配制。

重氮感光胶的配置方法是将光敏剂倒入纸杯中，加入纯净水，搅拌溶解；将溶解的光敏剂倒入胶液中搅拌均匀、封口；放置 8h 左右，待气泡完全消失即可使用。注意，配制感光胶需要在黄色安全灯下或暗房进行。感光胶未配制前保质期为一年，配制后最佳使用期为 15 天，低温保存使用期可达 2～3 个月。

（2）刮斗

刮斗（图 5-16）是用来在丝网上涂布感光胶的工具，也称上浆器。

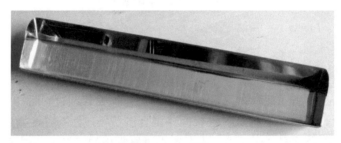

图 5-16 刮斗

刮斗使用不锈钢材料制作，耐腐蚀性强，不易生锈，使用轻便，是网版手工涂布感光胶必备的工具。刮斗的长度要比网框内径的宽度短一些，手工刮斗涂布基本上不受网版大小限制、操作简单、设备投资小，是普遍采用的网版制作的涂布方式。

（3）晒版设备

1）自制曝光箱。晒版用的曝光箱可以手工自制，制作简单方便。其制作方法是做一个木箱，在底面装上灯管，顶面放置玻璃，箱体大小可根据所需的晒版尺寸制作（图 5-17）。自制曝光箱时需要注意几点：灯管与玻璃台面之间的距离控制在 7～10cm；灯管排列密度越紧凑越好；灯管采用紫外线冷光灯，普通日光灯是最不理想的光源。紫外线冷光灯采用电子整流器，发光强度不受电网电压高低的影响，只需 130V 电压就能启动。它的发光范围正是感光材料所需要的范围。这种灯能够连续运行、连续启动，而且发热量低，是丝印制版理想的光源。

2）晒版机。晒版机是感光制版的专用设备，由玻璃晒台、支架、真空抽气系统、光源、快门等组合而成，具体分卧式晒版机、翻转晒版机、投影晒版机三种类型。按照光源的不同，晒版机又分为点光源晒版机、线光源晒版机和漫光源晒版机三种类型。

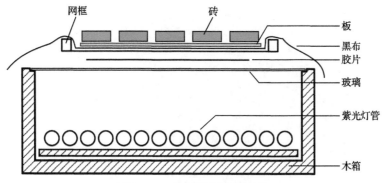

图 5-17　自制曝光箱结构图

① 点光源晒版机是以一个小型灯泡（管）为光源，光源发射呈块或束状，向涂有感光材料的网膜版投射的晒版设备。一般用于平网晒版，如投影放大曝光制版设备、翻转式晒版机及对晒版精度要求较高的卧式晒版机等。

② 线光源晒版机是以线状排射状投向底片晒版的晒版设备，是专用于圆网印刷的晒版设备及特大型网版的晒制设备。圆网晒版是光源不动、网版沿着轴心自转，来完成晒版工作的；特大型平网制版是网版不动，光源由网版的一端移向网版的另一端，来完成晒版工作的。

③ 漫光源晒版机是以若干支（组）荧光、黑光灯管排列成排状的晒版设备。此类晒版机一般用于印染针棉织物等，要求精度不很高的网印制版。

卧式晒版机有两种类型：一种是漫光结构晒版机，另一种是点光结构晒版机。点光结构晒版机又分高精度晒版机与通用型晒版机两类。高精度晒版机采用无电极的金属卤化灯为光源，双层玻璃结构，下层为带有莫尔纹的散光玻璃，上层为石英玻璃，中间为真空设计并带有紫外光累积自控曝光装置，其他与通用型相似。高精度卧式晒版机设计十分全面，但价格昂贵。通用型卧式点光源晒版机（图 5-18）是常用的晒版设备，其玻璃台面用于放置晒版用的图形胶片和丝网版，控制面板从左到右依次是曝光时间控置器、开关机开关、电源指示灯、曝光开关、真空开关。

（4）烘干箱

烘干箱是一种低、恒温红外线干燥设备，呈箱形，分卧式烘干箱和立式烘干箱（图 5-19）两种。立式烘干箱作网版前处理干燥用，卧式烘干箱作网版感光材料脱水及双固化的感光胶层固化用。两种烘干箱都由外壳、干燥架、红外发热管、风扇组成，只是外形和内部的网版放置架方向不同。烘干箱正面装有控制面板，在面板上装有自动恒温调节器、温度显示器、电源开关等。

（5）显影设施

丝网制版用水显影，显影设施由显影水槽、漫光透视屏和压力不同的两把水枪组成，安放于有上下水的独立空间，以免水的潮气影响其他设备（图 5-20）。漫光透视屏是立式的，它由一块黄色亚克力板（或磨砂玻璃）和数支日光灯组成，其主要功能是利用均匀的背透射的漫光及时检查并发现网膜版是否显影完全。

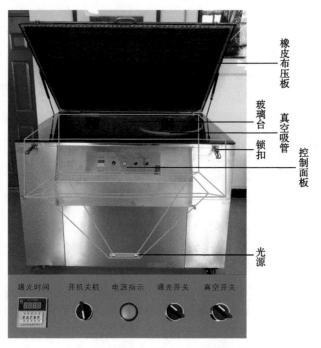

橡皮布压板

玻璃台　真空吸管

锁扣　控制面板

光源

曝光时间　开机关机　电源指示　曝光开关　真空开关

图 5-18　通用型卧式点光源晒版机

图 5-19　立式烘干箱

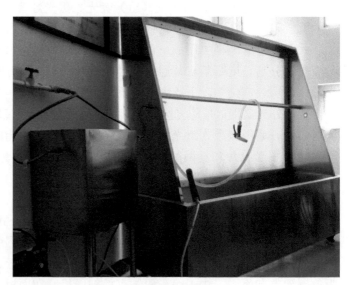

图 5-20　显影池

3．晒版用胶片的制作

（1）胶片的要求

1）若采用直接感光制版法，需要借助阳图透明胶片完成。输出胶片是把数字图文设计稿转换为印版（晒版）的又一关键环节。

2）感光胶的作用是封堵非图形部分的网孔，使其阻墨。感光胶的特性是受光照射后会固化在网布上，未受光部分能够溶解于水。丝网曝光制版的原理就是利用胶片上的黑色图文遮光的性能，使晒版后图文部分的感光胶溶解于水，打开网孔，使其能够漏墨。因此，要完成晒版，需要将数字设计稿（图5-21）输出打印在透明胶片或硫酸纸上。

3）胶片（菲林）的作用和要求：胶片的基片必须高度透明；胶片的药膜层应朝上，这样才能使胶片的遮光药膜层与网版层紧密结合，有效地防止晒版时光折射对图文的影响；晒版用的胶片（图5-22）必须用实底黑打印，以保证其有效的阻光性，与将来印刷成什么色无关。硫酸纸属于半透明纸，使用硫酸纸打印的黑稿也可以用于晒版。其缺点是打印后有伸缩，透光性不如胶片，对于精度要求不高的作业

图5-21 处理图像（设置输出尺寸及分辨率）

尚可。如果为套版印刷、图形精细的稿件，则要用透明胶片制作晒版用的黑稿。

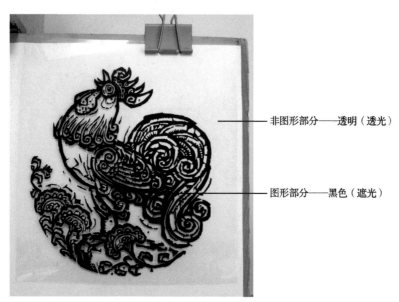

非图形部分——透明（透光）

图形部分——黑色（遮光）

图5-22 晒版用的胶片

（2）套色印刷分版

采用丝网印刷时，一块版印一种颜色，套色数字设计稿要按照颜色分成几块印版，其中每块印版印一种颜色，几块印版叠印在一起完成套色印刷。

以丝印T恤衫两色套印图案（图5-23）分版为例，套色分版应注意以下问题：

1）设计稿尺寸要按照印刷尺寸设置。

2）按照套印色数分版（图5-24）。对胶片和硫酸纸图文原稿的要求是必须用实底黑打印，以保证其有效的阻光性，晒版用的稿和将来印刷成什么色无关。印刷效果如图5-25所示。

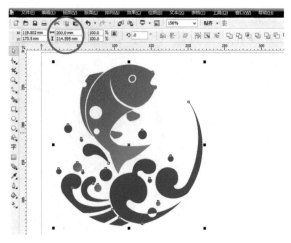

图 5-23　两色套印图案设计稿

（a）第一版黑稿

（b）第二版黑稿

图 5-24　两色套印图案——分版

（a）印第一版

（b）印第二版

图 5-25　两色套印图案——印刷

4．感光制版操作

（1）涂布感光胶

涂布感光胶应该在黄色安全灯下或较暗的环境下进行，涂布作业可由两人合作完成。涂布感光胶时，先将感光胶倒入刮斗内，一般倒入量不超过刮斗容量的1/2（图5-26）。涂布角度是指涂布时网版放置的倾斜角度，一般为70°左右，角度太大或太小会造成前后网版膜层厚度不相等。

刮斗涂布方法：将网版以70°角左右靠在墙壁上或一人用手扶牢；另一人双手持刮斗，让刮斗的前端（唇口）以自然力度与丝网接触，保持胶体在浆槽内的水平度略高于唇口，由下而上地向网板的上方推进。唇口必须略低于槽内胶体的水平线，使胶缓缓地流向网布，上胶速度要慢而匀，涂布至所需高度，快速收胶，即将唇口以最快的速度向上抬高，并离开网布。

图 5-26 涂布准备

网版要双面涂布感光胶（图5-27），先涂布印刷面，后涂布刮印面，通常是网版的两面上下颠倒各涂布两次。胶层的涂布次数和涂布方式与不同的印刷要求相关。

图 5-27 涂布感光胶

影响刮斗法涂布质量的因素主要有刮斗槽边缘的平整度、涂布角度、涂布力度、涂布速度、涂布次数等。丝网有一定的弹性张力，涂布时使用的力度也会造成涂布层厚度不同，左右双手使用相同的力度、以平缓的速度涂布。速度过快，容易产生气泡，从而形成针孔；过慢又会造成涂布层出现线条，因此涂布操作需要有一定的经验。

（2）烘干

涂布感光胶后将网框放入恒温烘干箱烘干，丝网版基制作完成，可以备用晒版。

（3）晒版

准备好网框和胶片稿件后即可准备晒版（曝光制版）。晒版掌握得好与坏，直接关系到图文的精细度、轮廓线的清晰度与硬度，以及图文的耐磨性。

微课：丝网印刷工艺——涂布感光胶

图 5-28　晒版操作过程——放置胶片、网版

1）晒版操作。

① 接通电源，晒版机控制面板上的电源指示灯亮（绿色），打开开机开关。

② 擦拭干净玻璃台面，把晒版胶片正面朝上放置于玻璃台面上，然后压上网框，注意胶片图形在网框中间的位置（图 5-28）。

③ 将真空吸管在网框外侧边缘放好（切勿压在网框下面）。

④ 放下橡皮布压板，扣好锁扣。

⑤ 启动控制面板上的真空开关，使橡皮布紧紧贴于玻璃台面并压紧网框与胶片（图 5-29）。

⑥ 启动控制面板上的曝光开关，开始曝光计时（图 5-30），完成晒版。

图 5-29　晒版操作过程——抽真空

图 5-30　晒版操作过程——曝光计时

2）曝光时间。感光制版控制的关键是曝光时间，应预先进行试晒，得到合适的数据。曝光过度或不足都会引起感光胶边缘的粗化，影响印版图文的清晰度。曝光时间由光源、距离、感光胶膜厚度、感光材料等几个条件决定。因此，曝光时间不是固定的，需要凭经验多方面考虑，一般是 2min（±30s）。

本书的晒版示例，根据所用晒版机状况、胶片图形精细程度、使用的感光材料、涂布感光胶厚度等因素，曝光时间设定的是 1′40″。

微课：丝网印刷工艺——感光制版

（4）显影

丝网制版用水显影，把曝光后的印版用清水湿润 1～2min，待未感光部分（图文部分）吸水膨润后，用水枪冲洗即可显影。在能显透的前提下，显影时间越短越好，尽量在短时间内完成。若显影时间过长，膜层膨胀严重将影响图像清晰度（图 5-31 和图 5-32）。显影完成后，将印版放入烘干箱烘干。

（5）固化

固化有以下两种方法：一种是将显影并经干燥、修版后的网版，以两倍时间在晒版机上再次曝光，将未完全固化的胶体得到全面固化，从而提高网版的耐磨性（称为二次曝光）；另一种是为提高网版胶膜的抗水性和耐印率，在网版两面各上一层弱酸性坚膜剂，使胶膜和硬化液起化学反应，从而提高胶膜分子的密集度。

图5-31　显影

图5-32　显影完成的印版

第三节　丝网的手工印刷

一、丝网印刷工具及设备

1. 刮板

刮板是将丝网印版上的油墨转移至承印物上的工具。刮板的作用是通过加压与刮动，对印版施以一定的印刷压力，将网框内的油墨通过网孔挤压到承印物表面。刮板分为手用刮板和机用刮板，分别适用于手工印刷及自动、半自动丝印机械。使用时刮板的宽度应略大于图文的宽度（图 5-33）。

2．手工印刷台

（1）简易手工印台

将两个网框夹固定于平整的台面即形成一个简易印台（图 5-34），适合进行手工印刷。其缺点是印刷套版精度不足，不适用于品质要求高及大批量的印刷。

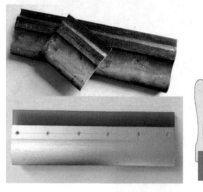

图 5-33　手工印制用刮板　　　　　　图 5-34　简易手工印台

（2）真空吸气印台

真空吸气印台（图 5-35）是较常见的手工丝网印刷用的设备，具有简易性和精密性等特征。印台设有自动吸气的不锈钢平台，固定网框的网夹可自由伸宿，适用于大小网版印刷。印台的网框夹头可上下升降，方便调整网距。

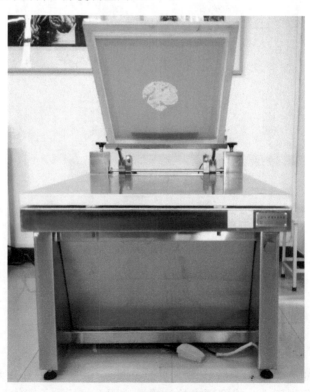

图 5-35　真空吸气印台

3．丝网印刷机

丝网印刷是一种应用范围很广的印刷方式,其印刷机的种类也较多,可按其自动化程度、印刷色数、承印物的类型、网版形状、印刷台形式及承印物的形状来分类。

1）按照自动化程度,丝网印刷机可分为手动丝网印刷机、半自动丝网印刷机和全自动丝网印刷机。手动丝网印刷机完成印刷过程的各种操作,如上、下工件及刮墨、回墨、网框抬落等,完全依靠手工作业。半自动丝网印刷机是在手动丝网印刷机的基础上,将印刷时的各个基本动作,如刮墨与回墨的往复运动、承印装置的升降、网框的起落、印件的吸附与套准等,按照固定程序由机构自动完成,仅上、下工件由手工进行。全自动丝网印刷机具有自动输纸、自动印刷、自动烘干和自动收纸功能,印速可达 5000 印 /h 以上,适合较大批量的连续丝网印刷,能够保证印品质量的稳定。

2）按照印刷色数,丝网印刷机可分为单色丝网印刷机和多色丝网印刷机。

3）按照承印物的形状,丝网印刷机可分为平面丝网印刷机和曲面丝网印刷机。平面丝网印刷机只可在平面上进行印刷,其承印物为平面状,可以是单张的,也可以是卷筒的。曲面丝网印刷机只可在曲面上进行印刷,即其承印物为曲面状,它能在圆柱面、圆锥面、椭圆面、球面的塑料容器、玻璃器皿和金属罐等物上进行直接印刷。

4）按照网版形状及印刷台的形式,丝网印刷机可分为平网丝网印刷机和圆网丝网印刷机。

二、丝网墨料

丝网印刷油墨品种繁多,主要分类方法有以下几种。

1）根据油墨的特性分类,包括荧光油墨、亮光油墨、快固着油墨、磁性油墨、导电油墨、香味油墨、紫外线干燥油墨、升华油墨、转印油墨等。

2）根据油墨所呈状态分类,包括胶体油墨,如水性油墨、油性油墨、树脂油墨、淀粉色浆等;固体油墨,如静电丝网印刷用墨粉。

3）根据承印材料分类,包括纸张用油墨、织物用油墨、木材用油墨、金属用油墨、皮革用油墨、玻璃陶瓷用油墨、塑料用油墨、印刷线路板用油墨等。

4）根据连接料分类,包括水基墨和溶剂基墨。

三、手工印制操作

1．准备工作

1）将网版四周漏墨的区域用宽胶带封住。

2）将网版固定在丝网印刷机上,适当调节网距（图 5-36）。

3）选择尺寸合适的刮板,刮板长度要长于图文画面宽度,短于网框内径。

4）准备好试印的载体,如纸张、T 恤衫。

2．调配颜料

在 T 恤衫上印制图案使用的颜料是水性纺织丝印颜料,由透明浆和色浆（图 5-37）组成,调配颜色时先将透明浆倒入纸杯约 2/3 处,再向纸杯中加入少量色浆,搅拌均匀。色浆有红、黄、蓝、绿、黑几种，可以相互调制出不同的颜色，颜色的深浅变化是由透明浆和色浆的比例变化实现的（图 5-38）。

图 5-36　上版

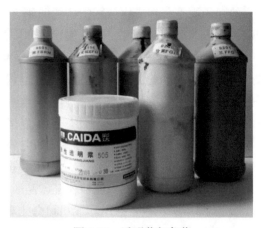

图 5-37　透明浆与色浆

图 5-38　调配颜料

3．试印

用调色刀将调好的颜料倒于网框内印版上方，在印台合适位置放上测试纸张，用刮板压印，揭开印版，观察图案位置，进行调整，直至印到承印物需要的位置后，在承印物的左边和下边贴上与承印物厚薄相同的纸条。

4．印刷

把 T 恤衫放置在印台合适的位置，压下印版；用手握住刮板，用颜料开始刮印，刮板与印刷面倾斜度以 20°～70° 为宜，用力要均匀，大小要合适。每刮印一次，回墨后抬起网框（图 5-39 和图 5-40）。

5．停印洗版

印刷完毕后，及时使用清水将印版及刮板清洗干净。

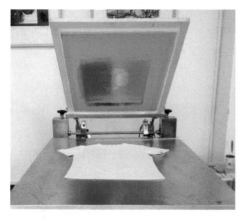

图 5-39　手工印制 T 恤衫过程

四、丝网印版的重复使用

印版脱膜是将丝网印版上已固化的感光材料从丝网上剥离下来，清洗干燥后可多次使用。丝网印版印刷后，版就不能再用了，可经脱膜后重新制版，以减少浪费，降低成本。

脱膜一般使用脱膜剂，脱膜剂分为液态和粉末状两种。脱膜液可以直接使用，方法是首先将丝网印版上的墨料清洗干净，然后用脱膜液涂擦丝网印版的两面，5 ~ 10min后版膜发白，这时可用水枪冲洗，版膜脱掉后，用水将丝网冲洗干净并干燥，就可再次用于涂布制版。脱膜粉是一种粉末状脱膜剂，使用前需要用水调制，50g 脱膜粉约兑950g 水配比使用。调制后，使用方法同脱膜液。

注意：脱膜剂有一定的腐蚀性，操作时双手应戴橡胶防护手套。

图 5-40　印制完成的 T 恤衫

第四节　丝网印刷实训

一、课题任务

印制 T 恤衫图案。

二、实训目的

1）加深对丝网印刷工艺知识的理解，掌握感光制版工艺原理与方法。

2）学会绷网、感光胶的涂布、晒版、显影、手工印刷的操作。

3）熟悉丝网印刷生产对数字稿件设计的要求。

三、实训准备

制版材料：重氮感光胶、120目尼龙丝网、木质网框、强力钉枪、绷网钳、刮斗、宽胶带等。

印刷材料：刮板、纺织颜料、纸杯。

承印材料：白色或浅色T恤衫、素描纸。

制版印刷设备：晒版机、烘干箱、显影池、吸气印台。

四、实训过程

1. 设计T恤衫图案

设计要求如下：

1）使用Photoshop或矢量软件设计。

2）图案可以是单色印刷，也可以设计套色印刷图案，套色以三色为限。

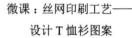

微课：丝网印刷工艺——
设计T恤衫图案

3）按照图案在T恤衫上的位置设置图案尺寸，分辨率、色彩模式符合输出胶片的要求。

2. 输出胶片

1）图案简洁、以黑白色块为主的稿件，可以使用硫酸纸黑白打印。

2）图案精细，有细线条和精细文字的稿件，通过制版公司输出胶片（图5-41）。

3. 感光制版

1）配置感光胶。

2）选择网布、网框、绷网。

3）涂布感光胶。

4）晒版（图5-42）。

5）显影。

图5-41　晒版胶片

图5-42　晒好的网版

4. 手工印刷

1）检查印台，上版。

2）调配墨料。

3）试印。

4）印制 T 恤衫（图 5-43）。

图 5-43　丝网印刷实训结果

自 测 题

一、单选题

1. 丝网制版涂布感光胶时，网版放置的倾斜角度一般为（   ）左右。
   A．30°   B．50°   C．70°   D．90°

2. 网版冲洗显影之后，要进行的下一道工序是（   ）。
   A．晒版   B．修版   C．烘干   D．印刷

3. 传统四大印刷方式中，（   ）的印刷压力最小。
   A．凸版印刷   B．平版印刷   C．凹版印刷   D．孔版印刷

4. 把丝网以一定的张力绷紧并固定于网框上，形成版基的工序是（   ）。
   A．绷网   B．选网   C．黏网   D．清网

5. 网版印刷机的油墨传输是靠（   ）完成的。
   A．网版   B．刮板   C．传送带   D．覆墨板

6. 印刷完毕，须将丝网印版上的（   ）清洗干净，以备二次印刷用。
   A．封边胶带   B．残留的油墨
   C．感光胶   D．丝网

7. 手工绷网是一种简单的传统绷网方式，通常适用于（   ）。
   A．铝合金网框   B．铁制网框
   C．钢制网框   D．木质网框

8. 对于精度要求高，特别是彩色网点印刷时，必须采用（   ）。
   A．手工描稿   B．激光发排胶片
   C．硫酸纸打印出片   D．喷墨打印出片

9. 重氮感光胶是用（   ）显影的。
   A．溶剂   B．酒精   C．清洗剂   D．水

二、填空题

1. 丝网印刷中，绷网分为_____和_____两种方式。

2. 丝网制版中，为避免产生龟纹，套色网点印刷采用_____制版。

3. 印刷用过的丝网版基可用_____清除干净后重复使用。

4. 丝网网布材料主要有尼龙丝网、_____、不锈钢丝网等。

5. 丝网印刷制版使用的重氮感光胶分为_____和耐溶剂型两种。

6. 丝网印刷常用的网框材料有_____和木质两种。

7. 刮斗是丝网制版中用来涂布_____的工具。

8. 丝网印刷属于孔版漏印工艺，是_____方式。

9. _____印刷的墨层厚度最大，因此图文的层次丰富、立体感强。

10. 丝网的目数是指_____内丝网的网丝或网孔的数量。

三、简答题

1．简述丝网印刷的特点。

2．丝网印刷中，选择丝网目数应考虑哪些因素？

3．简述丝网感光制版法的制版工艺过程。

自测题答案

主要参考文献

顾桓，2000．彩色数字印前技术：平面设计进阶 [M]．北京：印刷工业出版社．

郝景江，2008．印前工艺 [M]．北京：印刷工业出版社．

王俊艳，2013．开纸与拼版精算手册 [M]．北京：印刷工业出版社．

修香成，2007．印刷基础理论与操作实务：印前篇 [M]．北京：印刷工业出版社．

张雨，2011．印刷工艺 [M]．北京：人民美术出版社．

赵德海，2012．折手与拼版 [M]．太原：山西科学技术出版社．

朱国勤，姚丹竑，2010．设计印刷 [M]．上海：上海人民美术出版社．

庄景雄，2003．印前·输出·印刷 [M]．广州：岭南美术出版社．

附录　印刷业管理条例

（2001 年 8 月 2 日中华人民共和国国务院令第 315 号公布　根据 2016 年 2 月 6 日《国务院关于修改部分行政法规的决定》第一次修订　根据 2017 年 3 月 1 日《国务院关于修改和废止部分行政法规的决定》第二次修订）

第一章　总　　则

第一条　为了加强印刷业管理，维护印刷业经营者的合法权益和社会公共利益，促进社会主义精神文明和物质文明建设，制定本条例。

第二条　本条例适用于出版物、包装装潢印刷品和其他印刷品的印刷经营活动。

本条例所称出版物，包括报纸、期刊、书籍、地图、年画、图片、挂历、画册及音像制品、电子出版物的装帧封面等。

本条例所称包装装潢印刷品，包括商标标识、广告宣传品及作为产品包装装潢的纸、金属、塑料等的印刷品。

本条例所称其他印刷品，包括文件、资料、图表、票证、证件、名片等。

本条例所称印刷经营活动，包括经营性的排版、制版、印刷、装订、复印、影印、打印等活动。

第三条　印刷业经营者必须遵守有关法律、法规和规章，讲求社会效益。

禁止印刷含有反动、淫秽、迷信内容和国家明令禁止印刷的其他内容的出版物、包装装潢印刷品和其他印刷品。

第四条　国务院出版行政部门主管全国的印刷业监督管理工作。县级以上地方各级人民政府负责出版管理的行政部门（以下简称出版行政部门）负责本行政区域内的印刷业监督管理工作。

县级以上各级人民政府公安部门、工商行政管理部门及其他有关部门在各自的职责范围内，负责有关的印刷业监督管理工作。

第五条　印刷业经营者应当建立、健全承印验证制度、承印登记制度、印刷品保管制度、印刷品交付制度、印刷活动残次品销毁制度等。具体办法由国务院出版行政部门制定。

印刷业经营者在印刷经营活动中发现违法犯罪行为，应当及时向公安部门或者出版行政部门报告。

第六条　印刷行业的社会团体按照其章程，在出版行政部门的指导下，实行自律管理。

第七条　印刷企业应当定期向出版行政部门报送年度报告。出版行政部门应当依法及时将年度报告中的有关内容向社会公示。

第二章 印刷企业的设立

第八条 国家实行印刷经营许可制度。未依照本条例规定取得印刷经营许可证的，任何单位和个人不得从事印刷经营活动。

第九条 企业从事印刷经营活动，应当具备下列条件：

（一）有企业的名称、章程；

（二）有确定的业务范围；

（三）有适应业务范围需要的生产经营场所和必要的资金、设备等生产经营条件；

（四）有适应业务范围需要的组织机构和人员；

（五）有关法律、行政法规规定的其他条件。

审批从事印刷经营活动申请，除依照前款规定外，还应当符合国家有关印刷企业总量、结构和布局的规划。

第十条 设立从事出版物印刷经营活动的企业，应当向所在地省、自治区、直辖市人民政府出版行政部门提出申请。申请人经审核批准的，取得印刷经营许可证，并持印刷经营许可证向工商行政管理部门申请登记注册，取得营业执照。

企业申请从事包装装潢印刷品和其他印刷品印刷经营活动，应当持营业执照向所在地设区的市级人民政府出版行政部门提出申请，经审核批准的，发给印刷经营许可证。

个人不得从事出版物、包装装潢印刷品印刷经营活动；个人从事其他印刷品印刷经营活动的，依照本条第二款的规定办理审批手续。

第十一条 出版行政部门应当自收到依据本条例第十条提出的申请之日起60日内作出批准或者不批准的决定。批准申请的，应当发给印刷经营许可证；不批准申请的，应当通知申请人并说明理由。

印刷经营许可证应当注明印刷企业所从事的印刷经营活动的种类。

印刷经营许可证不得出售、出租、出借或者以其他形式转让。

第十二条 印刷业经营者申请兼营或者变更从事出版物、包装装潢印刷品或者其他印刷品印刷经营活动，或者兼并其他印刷业经营者，或者因合并、分立而设立新的印刷业经营者，应当依照本条例第十条的规定办理手续。

印刷业经营者变更名称、法定代表人或者负责人、住所或者经营场所等主要登记事项，或者终止印刷经营活动，应当报原批准设立的出版行政部门备案。

第十三条 出版行政部门应当按照国家社会信用信息平台建设的总体要求，与公安部门、工商行政管理部门或者其他有关部门实现对印刷企业信息的互联共享。

第十四条 国家允许设立中外合资经营印刷企业、中外合作经营印刷企业，允许设立从事包装装潢印刷品印刷经营活动的外资企业。具体办法由国务院出版行政部门会同国务院对外经济贸易主管部门制定。

第十五条 单位内部设立印刷厂（所），必须向所在地县级以上地方人民政府出版行政部门办理登记手续；单位内部设立的印刷厂（所）印刷涉及国家秘密的印件的，还应当向保密工作部门办理登记手续。

单位内部设立的印刷厂（所）不得从事印刷经营活动；从事印刷经营活动的，必须依照本章的规定办理手续。

第三章 出版物的印刷

第十六条 国家鼓励从事出版物印刷经营活动的企业及时印刷体现国内外新的优秀文化成果的出版物，重视印刷传统文化精品和有价值的学术著作。

第十七条 从事出版物印刷经营活动的企业不得印刷国家明令禁止出版的出版物和非出版单位出版的出版物。

第十八条 印刷出版物的，委托印刷单位和印刷企业应当按照国家有关规定签订印刷合同。

第十九条 印刷企业接受出版单位委托印刷图书、期刊的，必须验证并收存出版单位盖章的印刷委托书，并在印刷前报出版单位所在地省、自治区、直辖市人民政府出版行政部门备案；印刷企业接受所在地省、自治区、直辖市以外的出版单位的委托印刷图书、期刊的，印刷委托书还必须事先报印刷企业所在地省、自治区、直辖市人民政府出版行政部门备案。印刷委托书由国务院出版行政部门规定统一格式，由省、自治区、直辖市人民政府出版行政部门统一印制。

印刷企业接受出版单位委托印刷报纸的，必须验证报纸出版许可证；接受出版单位的委托印刷报纸、期刊的增版、增刊的，还必须验证主管的出版行政部门批准出版增版、增刊的文件。

第二十条 印刷企业接受委托印刷内部资料性出版物的，必须验证县级以上地方人民政府出版行政部门核发的准印证。

印刷企业接受委托印刷宗教内容的内部资料性出版物的，必须验证省、自治区、直辖市人民政府宗教事务管理部门的批准文件和省、自治区、直辖市人民政府出版行政部门核发的准印证。

出版行政部门应当自收到印刷内部资料性出版物或者印刷宗教内容的内部资料性出版物的申请之日起 30 日内作出是否核发准印证的决定，并通知申请人；逾期不作出决定的，视为同意印刷。

第二十一条 印刷企业接受委托印刷境外的出版物的，必须持有关著作权的合法证明文件，经省、自治区、直辖市人民政府出版行政部门批准；印刷的境外出版物必须全部运输出境，不得在境内发行、散发。

第二十二条 委托印刷单位必须按照国家有关规定在委托印刷的出版物上刊载出版单位的名称、地址，书号、刊号或者版号，出版日期或者刊期，接受委托印刷出版物的企业的真实名称和地址，以及其他有关事项。

印刷企业应当自完成出版物的印刷之日起 2 年内，留存一份接受委托印刷的出版物样本备查。

第二十三条 印刷企业不得盗印出版物，不得销售、擅自加印或者接受第三人委托加印受委托印刷的出版物，不得将接受委托印刷的出版物纸型及印刷底片等出售、出租、出借或者以其他形式转让给其他单位或者个人。

第二十四条 印刷企业不得征订、销售出版物，不得假冒或者盗用他人名义印刷、销售出版物。

第四章　包装装潢印刷品的印刷

第二十五条　从事包装装潢印刷品印刷的企业不得印刷假冒、伪造的注册商标标识，不得印刷容易对消费者产生误导的广告宣传品和作为产品包装装潢的印刷品。

第二十六条　印刷企业接受委托印刷注册商标标识的，应当验证商标注册人所在地县级工商行政管理部门签章的《商标注册证》复印件，并核查委托人提供的注册商标图样；接受注册商标被许可使用人委托，印刷注册商标标识的，印刷企业还应当验证注册商标使用许可合同。印刷企业应当保存其验证、核查的工商行政管理部门签章的《商标注册证》复印件、注册商标图样、注册商标使用许可合同复印件2年，以备查验。

国家对注册商标标识的印刷另有规定的，印刷企业还应当遵守其规定。

第二十七条　印刷企业接受委托印刷广告宣传品、作为产品包装装潢的印刷品的，应当验证委托印刷单位的营业执照或者个人的居民身份证；接受广告经营者的委托印刷广告宣传品的，还应当验证广告经营资格证明。

第二十八条　印刷企业接受委托印刷包装装潢印刷品的，应当将印刷品的成品、半成品、废品和印板、纸型、底片、原稿等全部交付委托印刷单位或者个人，不得擅自留存。

第二十九条　印刷企业接受委托印刷境外包装装潢印刷品的，必须事先向所在地省、自治区、直辖市人民政府出版行政部门备案；印刷的包装装潢印刷品必须全部运输出境，不得在境内销售。

第五章　其他印刷品的印刷

第三十条　印刷标有密级的文件、资料、图表等，按照国家有关法律、法规或者规章的规定办理。

第三十一条　印刷布告、通告、重大活动工作证、通行证、在社会上流通使用的票证的，委托印刷单位必须向印刷企业出具主管部门的证明。印刷企业必须验证主管部门的证明，并保存主管部门的证明副本2年，以备查验；并且不得再委托他人印刷上述印刷品。

印刷机关、团体、部队、企业事业单位内部使用的有价票证或者无价票证，或者印刷有单位名称的介绍信、工作证、会员证、出入证、学位证书、学历证书或者其他学业证书等专用证件的，委托印刷单位必须出具委托印刷证明。印刷企业必须验证委托印刷证明。

印刷企业对前两款印件不得保留样本、样张；确因业务参考需要保留样本、样张的，应当征得委托印刷单位同意，在所保留印件上加盖"样本"、"样张"戳记，并妥善保管，不得丢失。

第三十二条　印刷企业接受委托印刷宗教用品的，必须验证省、自治区、直辖市人民政府宗教事务管理部门的批准文件和省、自治区、直辖市人民政府出版行政部门核发的准印证；省、自治区、直辖市人民政府出版行政部门应当自收到印刷宗教用品的申请之日起10日内作出是否核发准印证的决定，并通知申请人；逾期不作出决定的，视为同意印刷。

第三十三条　从事其他印刷品印刷经营活动的个人不得印刷标有密级的文件、资料、图表等，不得印刷布告、通告、重大活动工作证、通行证、在社会上流通使用的票证，不得印刷机关、团体、部队、企业事业单位内部使用的有价或者无价票证，不得印刷有单位名称的介绍信、工作证、会员证、出入证、学位证书、学历证书或者其他学业证书等专用证件，不得印刷宗教用品。

第三十四条　接受委托印刷境外其他印刷品的，必须事先向所在地省、自治区、直辖市人民政府出版行政部门备案；印刷的其他印刷品必须全部运输出境，不得在境内销售。

第三十五条　印刷企业和从事其他印刷品印刷经营活动的个人不得盗印他人的其他印刷品，不得销售、擅自加印或者接受第三人委托加印委托印刷的其他印刷品，不得将委托印刷的其他印刷品的纸型及印刷底片等出售、出租、出借或者以其他形式转让给其他单位或者个人。

第六章　罚　　则

第三十六条　违反本条例规定，擅自设立从事出版物印刷经营活动的企业或者擅自从事印刷经营活动的，由出版行政部门、工商行政管理部门依据法定职权予以取缔，没收印刷品和违法所得以及进行违法活动的专用工具、设备，违法经营额 1 万元以上的，并处违法经营额 5 倍以上 10 倍以下的罚款；违法经营额不足 1 万元的，并处 1 万元以上 5 万元以下的罚款；构成犯罪的，依法追究刑事责任。

单位内部设立的印刷厂（所）未依照本条例第二章的规定办理手续，从事印刷经营活动的，依照前款的规定处罚。

第三十七条　印刷业经营者违反本条例规定，有下列行为之一的，由县级以上地方人民政府出版行政部门责令停止违法行为，责令停业整顿，没收印刷品和违法所得，违法经营额 1 万元以上的，并处违法经营额 5 倍以上 10 倍以下的罚款；违法经营额不足 1 万元的，并处 1 万元以上 5 万元以下的罚款；情节严重的，由原发证机关吊销许可证；构成犯罪的，依法追究刑事责任：

（一）未取得出版行政部门的许可，擅自兼营或者变更从事出版物、包装装潢印刷品或者其他印刷品印刷经营活动，或者擅自兼并其他印刷业经营者的；

（二）因合并、分立而设立新的印刷业经营者，未依照本条例的规定办理手续的；

（三）出售、出租、出借或者以其他形式转让印刷经营许可证的。

第三十八条　印刷业经营者印刷明知或者应知含有本条例第三条规定禁止印刷内容的出版物、包装装潢印刷品或者其他印刷品的，或者印刷国家明令禁止出版的出版物或者非出版单位出版的出版物的，由县级以上地方人民政府出版行政部门、公安部门依据法定职权责令停业整顿，没收印刷品和违法所得，违法经营额 1 万元以上的，并处违法经营额 5 倍以上 10 倍以下的罚款；违法经营额不足 1 万元的，并处 1 万元以上 5 万元以下的罚款；情节严重的，由原发证机关吊销许可证；构成犯罪的，依法追究刑事责任。

第三十九条　印刷业经营者有下列行为之一的，由县级以上地方人民政府出版行政部门、公安部门依据法定职权责令改正，给予警告；情节严重的，责令停业整顿或者由原发证机关吊销许可证：

（一）没有建立承印验证制度、承印登记制度、印刷品保管制度、印刷品交付制度、印刷活动残次品销毁制度等的；

（二）在印刷经营活动中发现违法犯罪行为没有及时向公安部门或者出版行政部门报告的；

（三）变更名称、法定代表人或者负责人、住所或者经营场所等主要登记事项，或者终止印刷经营活动，不向原批准设立的出版行政部门备案的；

（四）未依照本条例的规定留存备查的材料的。

单位内部设立印刷厂（所）违反本条例的规定，没有向所在地县级以上地方人民政府出版行政部门、保密工作部门办理登记手续的，由县级以上地方人民政府出版行政部门、保密工作部门依据法定职权责令改正，给予警告；情节严重的，责令停业整顿。

第四十条　从事出版物印刷经营活动的企业有下列行为之一的，由县级以上地方人民政府出版行政部门给予警告，没收违法所得，违法经营额 1 万元以上的，并处违法经营额 5 倍以上 10 倍以下的罚款；违法经营额不足 1 万元的，并处 1 万元以上 5 万元以下的罚款；情节严重的，责令停业整顿或者由原发证机关吊销许可证；构成犯罪的，依法追究刑事责任：

（一）接受他人委托印刷出版物，未依照本条例的规定验证印刷委托书、有关证明或者准印证，或者未将印刷委托书报出版行政部门备案的；

（二）假冒或者盗用他人名义，印刷出版物的；

（三）盗印他人出版物的；

（四）非法加印或者销售受委托印刷的出版物的；

（五）征订、销售出版物的；

（六）擅自将出版单位委托印刷的出版物纸型及印刷底片等出售、出租、出借或者以其他形式转让的；

（七）未经批准，接受委托印刷境外出版物的，或者未将印刷的境外出版物全部运输出境的。

第四十一条　从事包装装潢印刷品印刷经营活动的企业有下列行为之一的，由县级以上地方人民政府出版行政部门给予警告，没收违法所得，违法经营额 1 万元以上的，并处违法经营额 5 倍以上 10 倍以下的罚款；违法经营额不足 1 万元的，并处 1 万元以上 5 万元以下的罚款；情节严重的，责令停业整顿或者由原发证机关吊销许可证；构成犯罪的，依法追究刑事责任：

（一）接受委托印刷注册商标标识，未依照本条例的规定验证、核查工商行政管理部门签章的《商标注册证》复印件、注册商标图样或者注册商标使用许可合同复印件的；

（二）接受委托印刷广告宣传品、作为产品包装装潢的印刷品，未依照本条例的规定验证委托印刷单位的营业执照或者个人的居民身份证的，或者接受广告经营者的委托印刷广告宣传品，未验证广告经营资格证明的；

（三）盗印他人包装装潢印刷品的；

（四）接受委托印刷境外包装装潢印刷品未依照本条例的规定向出版行政部门备案的，或者未将印刷的境外包装装潢印刷品全部运输出境的。

印刷企业接受委托印刷注册商标标识、广告宣传品，违反国家有关注册商标、广告印刷管理规定的，由工商行政管理部门给予警告，没收印刷品和违法所得，违法经营额 1 万元以上的，并处违法经营额 5 倍以上 10 倍以下的罚款；违法经营额不足 1 万元的，并处 1 万元以上 5 万元以下的罚款。

第四十二条　从事其他印刷品印刷经营活动的企业和个人有下列行为之一的，由县级以上地方人民政府出版行政部门给予警告，没收印刷品和违法所得，违法经营额 1 万元以上的，并处违法经营额 5 倍以上 10 倍以下的罚款；违法经营额不足 1 万元的，并处 1 万元以上 5 万元以下的罚款；情节严重的，责令停业整顿或者由原发证机关吊销许可证；构成犯罪的，依法追究刑事责任：

（一）接受委托印刷其他印刷品，未依照本条例的规定验证有关证明的；

（二）擅自将接受委托印刷的其他印刷品再委托他人印刷的；

（三）将委托印刷的其他印刷品的纸型及印刷底片出售、出租、出借或者以其他形式转让的；

（四）伪造、变造学位证书、学历证书等国家机关公文、证件或者企业事业单位、人民团体公文、证件的，或者盗印他人的其他印刷品的；

（五）非法加印或者销售委托印刷的其他印刷品的；

（六）接受委托印刷境外其他印刷品未依照本条例的规定向出版行政部门备案的，或者未将印刷的境外其他印刷品全部运输出境的；

（七）从事其他印刷品印刷经营活动的个人超范围经营的。

第四十三条　有下列行为之一的，由出版行政部门给予警告，没收印刷品和违法所得，违法经营额 1 万元以上的，并处违法经营额 5 倍以上 10 倍以下的罚款；违法经营额不足 1 万元的，并处 1 万元以上 5 万元以下的罚款；情节严重的，责令停业整顿或者吊销印刷经营许可证；构成犯罪的，依法追究刑事责任：

（一）印刷布告、通告、重大活动工作证、通行证、在社会上流通使用的票证，印刷企业没有验证主管部门的证明的，或者再委托他人印刷上述印刷品的；

（二）印刷业经营者伪造、变造学位证书、学历证书等国家机关公文、证件或者企业事业单位、人民团体公文、证件的。

印刷布告、通告、重大活动工作证、通行证、在社会上流通使用的票证，委托印刷单位没有取得主管部门证明的，由县级以上人民政府出版行政部门处以 500 元以上 5000 元以下的罚款。

第四十四条　印刷业经营者违反本条例规定，有下列行为之一的，由县级以上地方人民政府出版行政部门责令改正，给予警告；情节严重的，责令停业整顿或者由原发证机关吊销许可证：

（一）从事包装装潢印刷品印刷经营活动的企业擅自留存委托印刷的包装装潢印刷品的成品、半成品、废品和印板、纸型、印刷底片、原稿等的；

（二）从事其他印刷品印刷经营活动的企业和个人擅自保留其他印刷品的样本、样张的，或者在所保留的样本、样张上未加盖"样本"、"样张"戳记的。

第四十五条　印刷企业被处以吊销许可证行政处罚的，其法定代表人或者负责人自许可证被吊销之日起 10 年内不得担任印刷企业的法定代表人或者负责人。

从事其他印刷品印刷经营活动的个人被处以吊销许可证行政处罚的，自许可证被吊销之日起 10 年内不得从事印刷经营活动。

第四十六条　依照本条例的规定实施罚款的行政处罚，应当依照有关法律、行政法规的规定，实行罚款决定与罚款收缴分离；收缴的罚款必须全部上缴国库。

第四十七条　出版行政部门、工商行政管理部门或者其他有关部门违反本条例规定，擅自批准不符合法定条件的申请人取得许可证、批准文件，或者不履行监督职责，或者发现违法行为不予查处，造成严重后果的，对负责的主管人员和其他直接责任人员给予降级或者撤职的处分；构成犯罪的，依法追究刑事责任。

第七章　附　　则

第四十八条　本条例施行前已经依法设立的印刷企业，应当自本条例施行之日起 180 日内，到出版行政部门换领《印刷经营许可证》。

依据本条例发放许可证，除按照法定标准收取成本费外，不得收取其他任何费用。

第四十九条　本条例自公布之日起施行。1997 年 3 月 8 日国务院发布的《印刷业管理条例》同时废止。